İlker Tekin

Harçların Porozitesinin Bilgisayarlı Tomografi İle Belirlenmesi

İlker Tekin

Harçların Porozitesinin Bilgisayarlı Tomografi İle Belirlenmesi

Türkiye Alim Kitapları

Impressum / Künye
Bibliografische Information der Deutschen Nationalbibliothek: Die Deutsche Nationalbibliothek verzeichnet diese Publikation in der Deutschen Nationalbibliografie; detaillierte bibliografische Daten sind im Internet über http://dnb.d-nb.de abrufbar.

Deutsche Nationalbibliothek tarafından yayınlanan bibliyografik bilgiler: Deutsche Nationalbibliothek, bu yayını Deutsche Nationalbibliografie'de listeler; detaylı bibliyografik bilgi İnternet'te http://dnb.d-nb.de sitesinde mevcuttur.

Coverbild / Kitap kapağı resmi: www.ingimage.com

Verlag / Yayıncı:
Türkiye Alim Kitapları
ist ein Imprint der / yayınevinin bir ticari markasıdır
OmniScriptum GmbH & Co. KG
Bahnhofstraße 28, 66111 Saarbrücken, Deutschland / Almanya
Email / E-posta: info@omniscriptum.com

Herstellung: siehe letzte Seite /
Basım yeri: son sayfaya bakın
ISBN: 978-3-639-81380-7

ÇİMENTO HARÇLARININ POROZİTESİNİN BİLGİSAYARLI TOMOGRAFİ İLE BELİRLENMESİ

(Yüksek Lisans Tezi)

İlker TEKİN

GAZİ ÜNİVERSİTESİ

FEN BİLİMLERİ ENSTİTÜSÜ

Ağustos 2005

ÖZET

Bilgisayarlı Tomografi (BT) malzeme biliminde detaylı verilerinden dolayı araştırmacılar tarafından tercih edilmektedir. Bu deneysel çalışmada, çimento harçlarının boşluk yapısının BT yöntemi ile belirlenmesi amaçlanmıştır. Çimento harç karışımlarında PÇ 42.5 çimentosu yerine ağırlıkça %5, %10 ve %15 oranlarında volkanik tüf (VT) ikame edilmiştir. Böylece 16x4x4 cm boyutlu harç numuneler oluşturulmuştur. Hazırlanan harçlar 100 günlük laboratuar kürü sırasında 1, 2, 3, 4, 5, 6, 7, 14, 21, 28, 42, 70 ve 100. günlerde BT ile görüntülenmiştir. Numunelerin görüntü analizleri yapılarak poroziteleri belirlenmiştir. Poroziteleri belirlenmiş olan çimento harçları, 28 ve 100 gün sonunda kırılarak basınç dayanımları bulunmuştur. Araştırmanın sonucunda, VT ikamesi arttıkça basınç dayanımının ve aynı zamanda porozitenin düştüğü görülmüştür. Sonuçta BT tekniği çimento harçları üzerinde uygulanması zor ve pahalı ancak hassas ölçüm ve ayrıntılı verilerinden dolayı kullanılabilir olduğu görülmüştür.

Bilim Kodu	: 714
Anahtar kelimeler	: Çimento Harcı, Volkanik Tüf Tozu, Porozite Bilgisayarlı Tomografi (BT),
Sayfa Adedi	: 118
Tez Yöneticisi	: Doç. Dr. H. Yılmaz ARUNTAŞ

DETERMINATION THE POROSITY OF CEMENT MORTAR BY COMPUTERIZED TOMOGRAPHY

(M.Sc. Thesis)

İlker TEKİN

GAZI UNIVERSITY
INSTITUTE OF SCIENCE AND TECHNOLOGY

August 2005

ABSTRACT

Computerized Tomography (CT) is preferred by researchers in material science because of the detailed information it provider. In this experimental research, it was aimed to determine the pore structure of cement mortar using the CT method. Volcanic pumice (VP) was used in cement mortar at 5, 10, and 15 percent by weight to replace PC 42.5 cement. By this way mortar specimens at 16x4x4 cm. were prepared. During the curing period of 100 days, images of the specimens were obtained by CT in 1, 2, 3, 4, 5, 6, 7, 14, 21, 28, 42, 70 and 100th days. Pore structures of the samples were determined by analyzing the samples. As a result of the investigation, compressive strength and porosity was seen to decrease when the VP replacing ratios were increased. Furthermore, CT technology is determined to be difficult and expensive to apply on cement mortar, but to be useful due to its sensitive measurement ability and detailed outputs.

Science Code	**: 714**
Keywords	**: Cement Mortar, Volcanic Pumice Powder, Porosity Computerized Tomography (CT),**
Page Number	**: 118**
Adviser	**: Assoc. Prof. Dr. H. Yılmaz ARUNTAŞ**

TEŞEKKÜR

Çalışmalarım süresince, ilgi ve teşviklerini esirgemeyen ve değerli bilgilerinden istifade ettiğim saygıdeğer Tez Danışmanım, Sayın Doç. Dr. H. Yılmaz ARUNTAŞ'a,

Değerli katkıları ile tezimi yönlendiren ve çalışmalarımı teşvik eden, Sayın Y.Doç. Dr. Osman ŞİMŞEK'e,

Değerli yardımları ve destekleri ile tezimi güçlendirmemi sağlayan, Bilgisayarlı Tomografi konusunda beni bilinçlendiren ve her soruma sabırla cevap veren, deney sonuçlarına göz atıp beni yönlendiren sevgili kuzenim Gazi Üniversitesi Radyodiagnostik Anabilim Dalı Öğretim Görevlisi Gonca ERBAŞ ve çalışma arkadaşlarına,

Araştırılmayanı araştırmayı öğütleyen, aynı şeyleri yapmaktan çok farklı olan çalışmalara yönlendiren saygıdeğer hocam Yapı Eğitimi Bölüm Başkanı Prof. Dr. M. Haluk ÇELİK'e ve Yapı Eğitimi Bölümü'nün değerli öğretim üyelerine,

Deneylerimde bana fikir veren, istatistik hesaplamalar ve laboratuar desteği konusunda yardımlarını esirgemeyen Arş. Gör. Nihat IŞIK ve Uzm. Mustafa ÖZER'e,

Çalışmalarımda, malzeme ve kimyasal analiz desteği sağlayan SET ÇİMENTO-Ankara Fabrikası'na,

Ayrıca okul ve meslek hayatım boyunca benden desteklerini esirgemeyen, benim hep yanımda olan, değerli annem ve babama sonsuz teşekkürlerimi borç bilirim.

İÇİNDEKİLER

Sayfa

ÖZET.. I

ABSTRACT.. II

TEŞEKKÜR... III

İÇİNDEKİLER.. IV

ÇİZELGELERİN LİSTESİ... VII

ŞEKİLLERİN LİSTESİ.. IX

RESİMLERİN LİSTESİ.. XI

HARİTALARIN LİSTESİ...XIII

SİMGELER VE KISALTMALAR LİSTESİ.....................................XIV

1. GİRİŞ.. 1

2. KURAMSAL TEMELLER VE KAYNAK ARAŞTIRMASI..................... 5

2.1. Çimento.. 12

2.1.1. Çimentonun tarihçesi.. 12

2.1.2. Çimentonun üretimi.. 12

2.1.3. Çimento üretimindeki gelişmeler... 13

2.1.4. Portland çimentosunun hidratasyonu...................................... 14

2.1.5. Çimentonun mikro yapisı.. 16

2.2. Puzolanlar... 20

2.2.1. Volkanik tüfler (VT).. 22

2.3. Porozite.. 25

2.3.1. Çimento ve betonda porozite.. 25

2.3.2. Porozite ölçümleri için geliştirilmiş teknikler........................... 32

Sayfa

2.4. Bilgisayarlı Tomografi (BT).. 34

2.4.1. BT' nin tarihsel gelişimi.. 34

2.4.2. BT fiziği.. 34

2.4.3. BT aygıtlarının gelişimi.. 47

2.4.4. BT'nin temel prensipleri.. 49

2.4.5. BT'de görüntü oluşumu..49

2.4.6. Görüntüleme Alanı (FOV=Field of View)..........................52

2.4.7. Pencere Seviyesi (Window Level).................................52

2.4.8. Artefaktlar (Görüntü Bozuklukları)................................53

3. MATERYAL VE METOT.. 55

3.1. Materyal... 55

3.1.1. CEN kumu..55

3.1.2. Çimento.. 55

3.1.3. Volkanik Tüf (VT).. 55

3.1.4. Su...58

3.2. Metot...59

3.2.1. Deney numunelerinin hazırlanması................................ 59

3.2.2. Yapılan deneyler...63

3.2.3. İstatistik metotlar...71

4. DENEYSEL BULGULAR VE TARTIŞMA.....................................72

4.1.Volkanik Tüf'ün Puzolanik Özelliği.. 72

4.2. PÇ 42.5 ve VTİÇ Numunelerinin Standart Kıvam
Tayini Deney sonuçları... 72

Sayfa

4.3. PÇ 42.5 ve VTİÇ Numunelerinin Priz Başlangıcı ve Priz Sonu Tayini Deney Sonuçları 74

4.4. PÇ 42.5 ve VTİÇ Numunelerinin Hacim Genleşmesi Deney Sonuçları 75

4.5. Çimento Harcı İçindeki Suyun BT Sistemindeki Yoğunluk Değerleri (HU Cinsinden) 75

4.6. Harçlarda Porozite Gelişiminin BT ile Analizi 77

4.7. Harçlarda Porozite - VT İkame Oranı ile VT İkamesi-Basınç Dayanımı İlişkisi 87

4.8. Radyasyonun Harç Numunelerde Oluşturduğu Etkiler 90

5. SONUÇ VE ÖNERİLER 92

5.1. Sonuçlar 92

5.2. Öneriler 94

KAYNAKLAR 95
EKLER 101
Ek-1. VT Laser Particle Sizer Deney Sonucu 102
Ek-1. Toplu deney sonuları 102
Ek-2. Çimento Harçlarında 100 Günlük Porozite Gelişimi ve Tomografi Görüntüleri 105
Ek-3. Radyasyonun Numune Yüzeylerinde Oluşturduğu Etkiler 114

ÇİZELGELERİN LİSTESİ

Çizelge **Sayfa**

Çizelge 2.1. Çimentonun ana bileşenleri ve özellikleri........................... 17

Çizelge 2.2. Çimentodaki ana bileşenlerin rölatif özellikleri..................... 17

Çizelge 2.3. Türkiye'de bulunan mevcut pomza rezervleri...................... 25

Çizelge 2.4. Farklı örnekler için üç kVp düzeyinde X-ışını soğurma sabitleri (cm^{-1}), BT numaraları ve atom numaraları............... 51

Çizelge 3.1. Çimentonun kimyasal analizi ile fiziksel ve mekanik özellikleri.. 56

Çizelge 3.2. Suyun kimyasal analiz sonuçları....................................... 59

Çizelge 3.3. Standart kıvam, priz süreleri ve hacim genleşmesi deneyleri için malzeme miktarları...................................... 60

Çizelge 3.4. Harç numunelerin malzeme karışım miktarları..................... 62

Çizelge 3.5. İncelik tayini ve basınç dayanımı sınır değerleri.................. 64

Çizelge 3.6. Numunelerin BT bilgileri.. 68

Çizelge 4.1. VT'ün puzolanik özelliği deney sonuçları............................ 72

Çizelge 4.2. Standart kıvam tayini, priz başlangıcı ve bitiş süreleri ile hacim genleşmesi değerleri.. 73

Çizelge 4.3. Çimento içindeki sıvı fazın BT numarası istatistiksel tanımlayıcı bilgileri... 76

Çizelge 4.4. PÇ 42.5 çimento harcının porozitesinin 100 günlük gelişimi.... 77

Çizelge 4.5. PÇ 42.5 çimento harcı numunelerinin regresyon analizi......... 79

Çizelge 4.6. %5 VTİÇ numunesinin porozitesinin 100 günlük gelişimi........ 80

Çizelge 4.7. % 5 VTİÇ'nin porozite gelişim regresyon analizi................... 81

Çizelge 4.8. % 10 VTİÇ numunesinin porozitesinin 100 günlük gelişimi...... 82

Çizelge 4.9. % 10 VTİÇ'nin porozite gelişim regresyon analizi................. 84

Çizelge **Sayfa**

Çizelge 4.10. % 15 VTİÇ numunesi porozitesinin 100 günlük gelişimi........ 84

Çizelge 4.11. % 15 VTİÇ'nin porozite gelişimi regresyon analizi............... 86

Çizelge 4.12. Basınç dayanımı ve porozite analiz sonuçları.....................87

ŞEKİLLERİN LİSTESİ

Şekil **Sayfa**

Şekil 2.1. Portland çimentosu pastasında mikro yapısal gelişimi.......... 15

Şekil 2.2. Çimento hamurundaki ana bileşenlerin dayanım artışı..........17

Şekil 2.3. Hidrate çimento pastasındaki gözeneklerin ölçü aralıkları..... 18

Şekil 2.4. Çeşitli C-S-H modellerinin şematik gösterimleri................... 19

Şekil 2.5. Boşlukların hidratasyon ürünleriyle dolması.........................28

Şekil 2.6. Suyun C-S-H tabakalarına giriş çıkışıyla ilgili basit bir model... 29

Şekil 2.7. Basınç dayanımı ve porozite ilişkisi..................................... 30

Şekil 2.8. Hidratasyon süresi içindeki boşluk yapısının gelişimi...........31

Şekil 2.9. Elektromanyetik Spektrum...38

Şekil 2.10. Foton enerjisinin hareketi.. 38

Şekil 2.11. Karakteristik X-ışınlarının oluşumu..................................... 39

Şekil 2.12. Bremsstrahlung radyasyonun oluşumu..............................40

Şekil 2.13. Saçılma olayı... 41

Şekil 2.14. Fotoelektrik etki.. 42

Şekil 2.15. Çift oluşumu 43

Şekil 2.16. Compton etkisi 43

Şekil 2.17. Foto çözünme olayı.. 44

Şekil 2.18. BT'nin gelişimi.. 47

Şekil 2.19. Bir BT görüntüsünde görüntüleme alanı............................. 50

Şekil 3.1. Deneylerde kullanılacak numunelerin kalıplardaki konumu.... 62

Şekil 3.2. Numunelerde porozite analizi için alınan BT kesit yerleri.......68

Şekil		**Sayfa**

Şekil 3.3. Tomografi görüntülerinde boşluk yapısının ve alanının Tayini 70

Şekil 4.1. Çimentoların standart kıvam – VT ikame oranı ilişkisi 73

Şekil 4.2. Çimentoların kıvam – VT ikame oranı ilişkisi regresyon analizi 73

Şekil 4.3. Çimentoların priz başlangıcı ve priz bitişi süreleri 74

Şekil 4.4. Priz başlangıcı ve priz sonu sürelerinin regresyon analiz 75

Şekil 4.5. Çimento içindeki sıvı fazın BT numarası analizi 76

Şekil 4.6. PÇ 42.5 çimento harcının boşluk gelişiminin regresyon Analizi 78

Şekil 4.7. PÇ 42.5 çimento harcının boşluk gelişiminin regresyon Analizi 78

Şekil 4.8. %5 VTİÇ'nin boşluk yapısı gelişimi 80

Şekil 4.9. %5 VTİÇ'nin boşluk yapısı gelişimi 81

Şekil 4.10. %10 VTİÇ'nin boşluk yapısı gelişimi 83

Şekil 4.11. %10 VTİÇ'nin boşluk yapısı gelişimi 83

Şekil 4.12. %15 VTİÇ'nin boşluk yapısı gelişimi 85

Şekil 4.13. %15 VTİÇ'nin boşluk yapısı gelişimi 85

Şekil 4.14. Harç numunelerindeki 100 günlük ortalama porozite gelişimleri 86

Şekil 4.15. VT ikame oranı - toplam porozite ilişkisi 88

Şekil 4.16. VT ikame oranı - basınç dayanımı ilişkisi 89

Şekil 4.17. VT ikameli çimento harcının toplam porozite – basınç dayanımı ilişkisi 90

Şekil Ek-1.1. Kayseri Erciyes yöresi VT'ünün incelik tayini deney raporu 104

RESİMLERİN LİSTESİ

Resim **Sayfa**

Resim 2.1. Asidik ve bazik pomza.. 23

Resim 2.2. Bilgisayarlı tomografi cihazı (Gantry ve sedye)......................35

Resim 2.3. Gantry içinde bulunan örneklerin koordinat düzlemine oturtulmasını sağlayan lazer konum ayarlayıcı......................35

Resim 2.4. BT'nin Fantom ile kalibrasyonu..51

Resim 2.5. Geometrik Artifakt (Ring Artifaktı).................................... 54

Resim 3.1. ELE marka otomatik malzeme karıştırıcısı......................... 60

Resim 3.2. Tomografi odasında bulunan harç numuneleri.................... 63

Resim 3.3. Kalibrasyon için kullanılan renklendirilmiş tomografi görüntüleri.. 66

Resim 3.4. Tomografi kesitlerinin bilgisayar ortamına aktarılması...........67

Resim 3.5. ELE marka hidrolik presle basınç dayanımı deneyi.............. 71

Resim Ek-2.1. Kontrol harcının boşluk yapısının gelişimi.................107-108

Resim Ek-2.2. %5 VT ikameli harcın boşluk yapısının gelişimi..........108-109

Resim Ek-2.3. %10 VT ikameli harcın boşluk yapısının gelişimi..........109-110

Resim Ek-2.4. %15 VT ikameli harcın boşluk yapısının gelişimi..........111-112

Resim Ek-3.1. 100 Gün radyasyon etkisindeki kontrol numunesi ile laboratuar kürü yapılmış numune arasındaki renk ve yüzey farklılıkları...114

Resim Ek-3.2. 100 Gün radyasyon etkisindeki %5 VTİÇ ile laboratuar kürü yapılmış %5 VTİÇ numune arasındaki renk ve yüzey farklılıkları..115

Resim Ek-3.3. 100 Gün radyasyon etkisindeki %10 VTİÇ ile laboratuar kürü yapılmış %10 VTİÇ numune arasındaki renk ve yüzey farklılıkları.............................116

Resim **Sayfa**

Resim Ek-3 .4.100 Gün radyasyon etkisindeki %15 VTİÇ ile 100 gün laboratuar kürü yapılmış %15 VTİÇ numune arasındaki renk ve yüzey farklılıkları..117

HARİTALARIN LİSTESİ

Harita **Sayfa**

Harita 3.1. Türkiye maden haritası... 57

Harita 3.2. VT'ün Kayseri bölgesi maden haritası................................ 58

SİMGELER VE KISALTMALAR

Bu çalışmada kullanılmış bazı simgeler ve kısaltmalar, açıklamaları ile birlikte aşağıda sunulmuştur.

Simgeler	Açıklama
A	X-Işınının fotoelektriksel etkileşime uğrama olasılığı
b	Basınç plakasının uzunluğu (40 mm)
c	Işık hızı (300 000 km/sn)
D	Yoğunluk (gr/cm^3)
E	Enerji (keV)
Fc	Kırılmadaki en büyük kuvvet (Newton)
f	Frekans Hertz (Hz)
h	Planck sabiti (4,15x10^{-15} eV^{-sn})
k	BT numaralarının aralıkları için belirlenen ölçek (sabit)
I	X-ışını yoğunluğu
Rc	Basınç mukavemeti N/mm^2
V	Hacim (cm^3)
v	Hız
Z	Atom numarası
λ	Işının dalga boyu (ηm)
ΔI	X-ışınının maddeden geçerken azalan yoğunluğu
Δs	Maddenin kalınlığı
μ	Orantısal ve lineer atenüasyon katsayısı
μ_w	Suyun x-ışını soğurma katsayısı
μ_0	Analiz sırasında piksellerin x-ışını soğurma katsayısı

Kısaltmalar	Açıklama
A.B.D.	Ana Bilim Dalı
ACI	American Concrete Institute (Amerikan Beton Enstitüsü)
ASTM	American Society for Testing and Materials
BT	Bilgisayarlı Tomografi
DPT	Devlet Planlama Teşkilatı
EPMA	Electron Probe Micro Analyzer (Elektron Sonda Mikro Analizi)
ev	Elektron volt
FOV	Field of View (Görüntü alanı)
GE	General Electric
G.Ü.	Gazi Üniversitesi
G.Ü.T.E.F.	Gazi Üniversitesi Teknik Eğitim Fakültesi
HU	Hounsfield Unit (Hounsfield Birimi)
keV	Kilo elektron volt
MeV	Mega elektron volt
MIP	Mercury Intrusion Porosimetry (Civa İç Püskürtmeli Porozimetri)
MTA	Maden Tetkik ve Arama Genel Müdürlüğü
NIST	National Institute of The Standarts and Technology
PCA	Portland Cement Association
PÇ	Portland Çimentosu
s/ç	Su/çimento oranı
s/b	Su/bağlayıcı oranı
SEM	Scanning Electron Microscope (Tarayıcı elektron mikroskobu)

UPV	Ultrasonic Pulse Velocity (Ultrases hızı)
YFC	Yüksek Fırın Cürufu
VT	Volkanik Tüf
VTİÇ	Volkanik Tüf İkameli Çimento
% 5 VTİÇ	% 5 Volkanik tüf ikameli çimento
% 10 VTİÇ	% 10 Volkanik tüf ikameli çimento
% 15 VTİÇ	% 15 Volkanik tüf ikameli çimento

1. GİRİŞ

Çimento, suyla karıştırıldığında sertleşen hidrolik bir bağlayıcıdır. Çimentoyu oluşturan ana hammaddeler: kil, kireçtaşı (kalker), marn ve az miktarda alçı taşıdır (jips). Kalker, kil ve marn öğütülüp karıştırıldıktan sonra yüksek sıcaklığa sahip (~1200 °C) döner fırınlarda pişirilerek, fındık büyüklüğünde klinker denilen ve bu halde bağlayıcılık özelliği bulunmayan bir madde elde edilir. Klinker, çeşitli öğütme işlemlerinden geçirilerek, çok ince partiküller haline getirilir ve daha sonra çimentonun priz süresini ayarlamak amacıyla %3~5 oranında alçı taşı katılır. Bu haliyle çimento bağlayıcılık özelliğini kazanmış olur.

Günümüzde çimento üretimi, gerek hammadde gerek yüksek enerji ihtiyaçları sebebiyle ekonomik açıdan bir maliyet getirmektedir. Malzemenin özelliklerini değiştirmeden, maliyetleri azaltma doğrultusunda yapılan çalışmalar sonucunda, puzolanik maddelerin çimento özelliklerini etkilediği belirlenmiştir. Puzolanik maddeler, kendi başlarına hidrolik bağlayıcı özelliği olmayan ancak ince olarak öğütüldüklerinde nemli ortamda ve normal sıcaklıkta kalsiyum hidroksitle tepkimeye girerek bağlayıcı özellikte bileşikler oluşturan doğal veya yapay, yüksek miktarda silis veya silisli ve alüminli bileşikleri içeren maddelerdir. Puzolanlar, doğal ve yapay olmak üzere ikiye ayrılır. Diyatomit hariç doğal puzolanik maddelerin kökeni volkaniktir. Yapay olanlar ise Uçucu kül, silis dumanı, yüksek fırın cürufu gibi atık sanayi ürünleridir (1). Doğal puzolan olarak en çok kullanılan madde tras olarak bilinen volkanik tüflerdir (2).

Çimento suyla birleştiğinde hidratasyon denilen ve katılaşma sürecini oluşturan bir dizi kimyasal reaksiyon meydana gelir. Bu reaksiyonlar sırasında çimento partikülleri üzerinde jel tabakası oluşur. Jel tabakası içinde C-S-H denilen iplik şeklinde uzayan bağ tabakaları meydana gelir ve bu bağlar sayesinde çimento harcı dayanımını kazanır. C-S-H miktarı ne kadar fazlaysa dayanım da o kadar yüksek olur. Hidratasyon süreci sonunda, jelleşme sebebiyle çimento partikülleri hacimce 2,1 katı kadar büyür. Böylece heterojen yapıda olan, çimento ve agrega karışımından oluşan harç içindeki makro ve kapiler boşluklar kapanma eğilimine girer, bununla birlikte dayanım artar. Puzolan bu oluşumda çok önemli bir etkendir. Çimento harcı, dayanımının yaklaşık % 90'lık kısmını 28 günde elde ederken, bu durum puzolanlı çimento harçlarında farklılık göstermektedir. Puzolanlı çimento bağlayıcısı 28 günlük dayanımdan sonra aktif olarak katılaşmaya yani hidratasyona devam eder. Puzolan ikameli harçlarla yapılan çeşitli araştırmalarda, uygun koşullarda 90 günlük dayanımların normal çimentolu harçlara göre daha yüksek olduğu gözlenmiştir. Buna sebep olarak, çimento partiküllerinin hidratasyonu ve katılaşması sırasında açığa çıkan $Ca(OH)_2$ (kalsiyum hidroksit)'in, puzolanın silisli ve alüminli bileşikleriyle reaksiyona girerek 28 günden sonrada C-S-H bağlarını oluşturma sürecinin devam etmesi gösterilmektedir. Burada dayanımı belirleyen ve katılaşmayı sağlayan C-S-H jellerinin 28 günden sonrada oluşmaya devam etmesi nedeniyle dayanım ve aynı zamanda boşlukların kapanma eğilimi artmaya sürmektedir (3-5).

Çimento harçları; çimento, agrega ve sudan oluşan heterojen bir yapıdır. Bu yapının sağlamlığı, ekonomisi ve kullanılabilirliğinin sağlanabilmesi için, kontrollü üretim ve uygun kür yapılması gerekmektedir. Çimento harcının dayanımı ve dürabilitesi birçok faktörün kontrolü altındadır. Bu faktörlerden bazıları: s/ç ve s/b oranı, harcın karışım süresi ve şekli, sıkıştırma süresi ve şekli, agreganın tane-boyut ilişkisi, agreganın gradasyonu, karışım ve kür suyunun karakteri, çimentonun inceliği, hava şartları, kür süresi vb. dir. Bu faktörlerin her biri, dayanım ve dürabilite için etkili olduğu gibi, dayanım ve dürabiliteyi doğrudan etkileyen porozite için de etkili olmaktadır. Betonda porozite, iki ayrı kısımda ele alınmıştır: Aktif ve pasif porozite. Betonun basınç ve eğilme dayanımı porozitesiyle ters orantılıdır. Boşluklu bir beton, mekanik dayanımı düşük bir beton sınıfındadır. Aynı zamanda boşluklu bir beton, kılcal boşluklarla birbirine bağlanmış bir yapı oluşturur. Böylece, malzemenin geçirimliliği fazla olacağından dış etkilere karşı dayanıksız, yani durabilitesi düşüktür. Bu tip boşluklar, pasif porozite adını alır. Betonda donma-çözülme olayı, mekanik mukavemetleri olumsuz yönde etkiler. Bu olayın engellenmesi için betonun içinde kapiler boşluklarla dengelenmiş aktif boşluklar olması gereklidir. Bu tip boşlukların oluşması için hava sürükleyici katkı maddeleri kullanılır. Böylece, donma-çözülme etkisinden uzaklaştırılmış beton çatlamalara karşı önemli bir dayanıklılık kazanır. Bundan dolayı, bu tip boşluklar aktif porozite adını alır (6, 7).

Betonda porozite kavramı, günümüze kadar araştırmacıların hep merak ettiği fakat gözlemsel olarak açıklığa kavuşturulamamış bir konu olmuştur. Araştırmacılar, betondaki poroziteyi birçok metot deneyerek gözlemlemeye çalışmışlardır. Bu metotlar, teorik ve pratik olarak iki ayrı grupta ele alınabilir. Teorik metotlar, betonun ağırlığı, hacmi ve yoğunluğuyla bağdaştırılmıştır. Fakat bu yöntemlerle betonun boşluk yapısı ve dağılımıyla ilgili tam bilgiye ulaşmak mümkün olmamıştır. Pratik deney metotları ise, genelde çeşitli maddelerin kütle içine basınçlı olarak emdirilmesi esasına dayandırılmıştır. Bu şekilde tahmini boşluk yapısı belirlenebilmektedir. Bu yöntemler, porozitenin gelişimi ve betondaki porozitenin dağılımıyla ilgili bilgiyi yeterli derecede sunmadığı için poroziteyle ilgili tam verilere ulaşılamamıştır. Yakın zamanda gelişen yüksek teknolojiye sahip bilgisayarlı görüntüleme sistemleri bu açığı kapatmada etkin olmaktadır. Tahribatsız bir deney yöntemi olan, bilgisayarlı görüntüleme sistemine sahip ve görüntü analizi yapan Bilgisayarlı Tomografi (BT) sistemi, beton içindeki yapıyı görmeye ve analiz etmeye olanak sağlamaktadır. Böylece betonun porozite içyapısı, gelişimi ve dağılımı hakkında bilgiyi almak ve sayısal olarak yüksek doğrulukta analiz etmek mümkün olmaktadır. BT ile yapı içindeki boşluklar görüntülenebilmekte ve 3 boyutlu görüntüleme yapılabilmektedir. BT belirli bir mesafeden malzemeye X-ışını gönderir. Bu ışınlar malzemeden soğurulma farkları ana bilgisayarda analiz edilerek sayısallaştırılır. Sayısal haldeki veri bilgisayarda matematik algoritmalarda görüntü haline gelir. Böylece sayısal değerlerle malzemenin katı, sıvı ve gaz fazları dijital olarak görüntülenir ve analiz yapma imkânı kolaylaşır. X-ışını soğurulması atom numarası ile ilişkilidir. Atom numarası arttıkça soğurulma yüzdesi artar. BT' de kullanılan X-ışını soğurulma verileri, hava için -1000, su için 0 olarak tanımlanmış Hounsfield Unit (HU) adıyla uluslararası standartlarca kabul edilmiştir. BT görüntüleri ile bilgisayarda hem 2 boyutlu hem de 3 boyutlu katı görüntüleme yapılabilir. Bu sistemin diğer porozite ölçüm yöntemlerine göre bazı faydaları vardır. Fakat bununla birlikte oldukça zor bir teknik olduğu bilinmektedir. Hasarsız bir ölçüm tekniği olması ve numuneden her halde (su içinde ya da dışında) ölçüm alınabilmesi avantajlarından sayılabilir (8).

Yapılan geniş çaplı kaynak taramasında çimento harcındaki porozitenin gelişimiyle ilgili hiçbir çalışmaya rastlanmamış olup, BT uygulamalarının çimento ve beton dünyasında yavaş yavaş kullanılmaya başlandığı görülmüştür. Aynı zamanda ülkemizde rezerv miktarı çok yüksek olan ve sektöre faydalı olacağı düşünülen volkanik tüfün, çimento porozitesine etkisini konu alan araştırmalara da rastlanmadığından böyle bir çalışma yapılmasına karar verilmiştir. Bu bilgiler ışığında çalışmanın amacı, beton için referans olan standart çimento harcı ile volkanik tüf ikameli çimento harcının standart koşullarda porozite yapısını ve porozitesinin gelişimini BT yardımıyla incelemektir. Böylece, porozite gelişimi ve dağılımı belli olan betonun geçirimsizliği ve bununla birlikte yüksek durabilite ve dayanım nasıl sağlanabilir sorusuna daha gerçekçi ve net yaklaşımlarda bulunulabilecektir. Malzemenin mekanik dayanımı ve durabilitesine etki eden çatlama mekanizması poroziteyle doğrudan ilişkilidir. Betondaki porozite miktarı optimum düzeye çekildiğinde sağlıklı bir beton elde etmek mümkün olabilecektir. Bu çalışmanın kapsamında doğal puzolan olan volkanik tüfün katılaşmış çimento harcının porozitesi ve porozite-dayanım ilişkisi araştırılmış ve kontrol harcı olan PÇ 42.5 çimento harcı ile karşılaştırmaları yapılmıştır.

2. KURAMSAL TEMELLER VE KAYNAK ARAŞTIRMASI

Yapılan geniş çaplı literatür taraması sonucu beton ve çimentonun porozitesiyle ilgili birçok çalışmaya rastlanılmıştır. Bu çalışmalar, genel olarak civa iç püskürtmeli porozimetre (MIP) yöntemi ile yapılmış olup, az sayıda mikro tomografi cihazının da kullanıldığı görülmüştür. Yapılan çalışmalar daha çok porozitenin, geçirimlilik ve dayanım etkisi üzerinde yoğunlaşmıştır. Ayrıca kapiler boşluklar ve çimento jel boşluklarını tespit etmek için çalışmalar yapılmıştır.

Bu çalışmada yapılan literatür taramasında, yukarıdaki konular dahil olmak üzere şu sorulara cevap aranacak bir tarama sistemi geliştirilmiştir:

- Çimento harcı içerisinde oluşan hava kabarcıklarının; yani makro boşlukların oluşumu ve gelişimi nasıldır?
- Porozitenin çimento harcının dayanımına etkisi nedir?
- Çimento harcının mikro yapısı nasıldır?
- Porozite ölçüm yöntemleri nelerdir?
- BT, çimento harcında veya betonda poroziteyi nasıl ölçer?
- Porozite ölçümünde BT'den yararlanılmış mıdır?
- BT, mühendislik ve malzeme biliminde nasıl kullanılabilir?
- Çimentonun mikro yapısındaki gelişimler, hidratasyon kinetiği, poroziteyi nasıl etkiler?
- Volkanik tüf karışımlı veya ikameli çimentolarda porozite gelişimi nasıldır?
- Volkanik tüf karışımlı veya ikameli çimentoların özellikleri nelerdir?

Bu sorularla ve bu sorulardan çıkarılan anahtar kelimelerle yapılan literatür taramasında aşağıdaki yayınlara ulaşılmış ve değerlendirilmiştir.

Hossain çalışmasında, Papua Yeni Gine'de bulunan Tavurvur adıyla bilinen volkanik kökenli bir dağın, volkanik tüf tozunu ve volkanik külünü çimentoya ikame ederek kullanmıştır. Çimento ağırlığınca yapılan ikame oranları % 2, % 4, % 6, % 10, % 15, % 20, % 25, % 35, % 50 mertebesinde seçilmiştir. Çalışmada volkanik tüf tozunun ve volkanik külün, çimento hamuru ve harcında ağırlıkça ikamesinin; çimentonun kıvamına, priz sürelerine ve basınç dayanımlarına etkileri araştırılmıştır. Sonuçlar volkanik tüf ve volkanik kül'ün çimentoda priz sürelerini uzattığını, 1, 3, 7, 28 günlük basınç dayanımlarını düşürdüğünü ve çimento hamurlarının ikame oranı artıkça kıvamın düştüğünü göstermiştir. Ancak % 20 ikame sınıfındaki numunelerin hidratasyon ısısını düşürdüğü gözlemlenmiştir (9).

Yaman, Hearn ve Aktan aktif ve aktif olmayan porozite üzerinde çalışmışlardır. Betonun porozitesinin, mekanik özelliklere etkisi, suya doygun ve kuru halde örneklerle yapılan UPV (Ultrasonic Pulse Velocity=ultrases hızı) ölçümleriyle belirlenmiştir. Burada numunelere değişken miktarlarda hava katkısı katılmıştır. Suya doygun ve kuru hallerde mekanik ve porozite ölçümleri yapılmıştır. Sonuçta porozitenin mekanik özellikler üzerindeki etkisinin nem düzeyindeki değişikliklerden etkilendiği görülmüştür (7).

Diamond, geleneksel betonun boşluk yapısının görüntülerini yeniden gözden geçirmiştir. Betonun gözenek dağılımı ve görünümü, betonun iç yapısıyla bağlantılandırmaya çalışılmıştır. Bunun için geri yansıma taramalı elektron mikroskobundan (Backscatter Mode Scanning Electron Microscope) faydalanılmıştır. Bu çalışma, genel olarak kapiler boşluklar merkezinde yoğunlaşmıştır. Deneylerden, yüzey çatlamaları ve çatlakların gelişimi ile kırılma ve çatlama olaylarının; porozite, yaş, su-çimento oranı ve diğer değişkenlerle ilişkileri iç yapısal olarak tanımlanmaya çalışılmıştır (10).

Corr ve arkadaşları, taze çimento pastasında hava boşluklarının yapısıyla ilgili olarak çalışmışlardır. Düşük ısılı tarayıcı elektron mikroskobuyla (Low-temperature Scanning Electron Microscope) yapılan araştırmada portland çimentolu betonun, 5-30 dk. içindeki hidratasyon süresince ve karıştırma sırasında oluşan hava boşluklarının yapısı ile bunların etkileri ele alınmıştır. Numunelere, hava oluşturan değişik kimyasal nitelikte katkılar katılmıştır. Bunlarla beraber boşluk oluşumlarının azalması için F ve C tipi uçucu kül kullanılmıştır. Sonuçlar değerlendirilerek gözlemler belirtilmiştir (11).

Galle, MIP (Mercury Intrusion Porosimetry=civa iç püskürtmeli porozimetre) yöntemi ile çeşitli kuruma (fırında 60°C ve 105°C), vakumlama ve dondurduktan sonra kurutma (süblimleştirme) yöntemleriyle çimento bazlı malzemelerin gözenek yapılarına etkilerini araştırmıştır. Çimento için YFC (Yüksek fırın cürufu), toz halinde yakıt külü ile YFC-TYK (Toz halinde Yakıt Külü) ikameleri kullanılmıştır. Sonuçlar, fırında kuruyan numunelerin iç yapısındaki kapiler boşluklarda önemli hasarlar oluşturduğunu, donduktan sonra kuruma tekniğinin kurutma yöntemleri içinde uygulanabilir yöntem olduğunu doğrulamıştır (12).

Tanaka ile Kurumisawa, sertleşmiş çimento pastasında gözlenen gözenekler için teknik geliştirmeye çalışmışlardır. Bunun için MIP yönteminden faydalanılmıştır. MIP yönteminde kullanılan civa yerine geçebilecek Galyum (Ga) denenmiştir. Bu sıvıyı sertleşmiş çimento pastasında denemiş ve katı haldeki Galyum dağılımını EPMA (Electron Probe Micro Analyzer = Elektron Sonda Mikro Analizi) ile gözlemlenmiştir. Buradan alınan sonuçlarla çimento pastasında oluşan gözenek şekilleri ve yerleri üzerinde tartışılmıştır (13).

Scriverner ve Nemati, geri yansıma taramalı elektron mikroskobuyla çimento ile agrega ara yüzeyinin gözenek yapısını incelemişlerdir. Burada boyutlandırılan porozitenin, betonun iletim özelliklerini etkilediğini öne sürerek, beton numunelerde, ahşap metallerinin penetrasyonu ile bağlı olan ve olmayan gözeneklerin yapısını araştırmışlardır. Bunun için SEM (Scanning Electron Microscope = Taramalı elektron mikroskobu) ile MIP yöntemleri kullanılmıştır. Araştırmada ayrıca numunelere 10,3 MPa'lık ön yükleme yapılmış ve bu yüklemelerin gözenek dağılımına etkisi de incelenmiştir (14).

C-S-A-F-SO_3-CaF_2 sistem bazında 3 hızlı sertleşen çimentodan yapılan çimento harçlarının por yapıları, 2 saat ve bir yıl arasındaki hidratasyon sürelerinden sonra suda, havada ve 5-20 °C sıcaklıklarda 1 hacim %CO_2 içeren havadan incelendi. Daha düşük sıcaklıkta hidratasyonun gerçekten daha yavaş olduğu görüldü. Karbonatlaşma kılcal (kapiler) boşluk hacminde bir artışa neden olmuştur, fakat bu alitçe zengin çimentoda belirgin olarak daha düşük olduğu gözlenmiştir (15).

Khatip ve Mangat, dökme pozisyonlarıyla ilgili olan alanın bir fonksiyonu olarak 45°C'de küre tabi tutulan çimento harcının porozitesi üzerinde çalışmışlardır. S/ç oranı 0,45 olan 3 farklı çimento harcı hazırlanmıştır. Numunelerin değerlendirme grubuna % 22 uçucu kül ve % 9 silis dumanı ikame edilmiştir. Çimento numuneleri küp kalıplara dökülmüş ve 45°C'de bağıl nemi % 25 olan yerde 28 gün küre tabi tutulmuştur. Porozite ve gözenek boyut dağılımı numuneler üzerinde MIP yöntemiyle ölçülmüştür. Farklı kalıplara dökülen numunelerin porozite dağılımında çok büyük farklılıklar olduğu ve bu farklılıkların nemli kür ve kuru kür karşılaştırmalarında da etkilendiği gözlenmiştir (16).

Chotard ve arkadaşları, kalsiyum aliminat çimentosunun erken hidratasyon özelliğinin belirlenebilmesi için BT'yi kullanmışlardır. Bu teknik her x-ışını emme ölçümlerine dayanır ve seçilmiş kesitler üzerinde nitel gözlemler sunar. Ayrıca ses yayılma sinyalleri ile BT verileri nicel olarak ta karşılaştırılmıştır. Bunlardan çeşitli analizler yapılmıştır. Sonuç olarak BT'nin hidratasyon sürecini tanımlamada uygun bir teknik olabileceği vurgulanmıştır (17).

Jiang ve Guan, gözenek yapısının yüksek hacimli uçucu kül harcının dayanımına etkilerini incelemişlerdir. Harçlar, farklı oranlardaki uçucu kül içeriğine ve farklı su/bağlayıcı oranlarına sahip numunelerden hazırlanmıştır. Bunlar 3,7,28,ve 90 günlük süreçlerde kürlenmiş ve sonra eğilme ile basınç dayanımları ölçülmüştür. Numunelerdeki gözeneklilik MIP ile belirlenmiştir. Sonuç olarak dayanım ve toplam porozite arasındaki ilişki belirlenmiştir. Burada gözenek boyutlarının her iki dayanımı da etkilediği gözlenmiş ve bu etkilerin her iki dayanım için de ayrı olduğu görülmüştür (18).

Chan Y.N., Luo X. ve Sun W., portland çimentosu ile nehir kumu, granit karışımına süper akışkanlaştırıcı, silika füme, uçucu kül, çelik ve propilen fiber katılarak farklı tiplerde betonlar oluşturmuşlardır. Bunlar 28 günlük su küründen sonra elektrikli bir fırında 800°C'ye ısıtılmıştır ve bu sıcaklıkta 1 saat süreyle muhafaza edilmiştir. Ardından 25°C'de soğumaya bırakılmıştır. Isı işleminden önce ve sonra porozite testleri, bir civa püskürtmeli porozimetre kullanılarak ölçülmüştür. Sonuçta por yapısının değişimi, porozite ve gözenek büyüklük dağılımını da içererek yüksek sıcaklık etkisinde HPC'nin (yüksek öğütülmüş çimento) mekanik özelliklerinin bozulmasını göstermek için kullanılabilir. Ayrıca yüksek sıcaklık, kontrol betonu ile silika füme-uçucu kül katkılı çimentolu betonda poroziteyi çok etkilememiştir (19).

Cui ve Cahyadi, normal portland çimento harcının gözenek yapısı ve geçirimliliği üzerine çalışmışlardır. Numunelerin gözenek yapısını MIP yöntemiyle belirlenmiştir. Su geçirimliliği ise giriş yöntemi kullanılarak belirlenmiştir. Teorik bir model düşük ve yüksek geçirimliliğe sahip çimento harcına uygulanmıştır. Sonuç olarak teorik modelden hesaplanan veriler deney sonuçlarıyla iyi bir uyum sağlamıştır (20).

Okpala, sertleşmiş çimento pastası ve harcının gözenek yapısı üzerinde çalışmıştır. Gözenek yapısı için MIP yöntemi kullanılmıştır. Numunelerde portland çimentosu ve doğal nehir kumu kullanılmıştır. Gözenek yapısı çimento pastası ve harcı için 4 hidratasyon süreci ile 5 farklı s/ç oranı kullanılarak belirlenmiştir. Sonuçlarda dikkati çeken durum ince agreganın artmasıyla boşluklar yassılaşmıştır (21).

Patel ile arkadaşları, portland çimento pastasındaki bileşiklerin reaksiyonunu ve porozitesini farklı rutubet şartlarında incelemişlerdir. Normal çimento pastası 0,59'luk s/ç oranı ile 2 gün Kürlenmiş, sonra bağıl nemi kontrol altında tutulan ortamda bulundurulmuştur. 14 ve 90 günlük sürelerde x-ışını difraksiyonları ve termogravimetrik analiz yapılmıştır. Porozite ve jel oluşumunu izlemek için metanol absobsiyonu kullanılmıştır. % 80 bağıl nem altında kürlemede, doygun nemde kürleme ile elde edilenden 3 kez daha büyük, ve çapı daha geniş iri gözenek yapısı üretilmiştir (22).

Xu ve arkadaşları, çok düşük poroziteli çimento-baz materyallerinin mekanik özellikleri üzerine çeşitli hidrolik bağlayıcıların etkileri araştırmışlardır. Alkali-aktif cüruf çimentosu ve alüminat çimentosu; normal portland çimentosu sistemiyle karşılaştırılmıştır. Sonuçlar, alkali-cüruf sisteminin daha yüksek basınç dayanımına sahipken, alüminat çimentosunun dayanımının ara değerlerde olduğunu kanıtlamıştır. Yapı gelişimi ve özellikler, 90 günlük kürleme süresi boyunca çok düşük poroziteli çimento pastalarının hidratasyonuyla teyit edilmiştir. Porozite tayini Helyum absobsiyonu ile yapılmıştır. Schiller'in denklemiyle açıklanan, porozite-dayanımla ilişkili büzülme analizleri, "sıfır dayanım"daki sabitlerin normal porozite sistemi için mevcut olanlardan çok daha az olduğunu göstermiştir (23).

Braz, Lopez ve Motta, Brezilya'da asfalt kaplamaların trafik yüklemeleri sırasında oluşan çatlama, kırılmaların boyutları ve gelişimleri farklı bölgelerden alınan örnekler üzerindeki çalışmalarla BT ile tespit edilmiştir. Elde edilen deneysel veriler BT'nin bu tip çalışmalara uygulanabileceğini göstermiştir (24).

Wang ve arkadaşları, beton numunelerinde oluşan hasarları (çeşitli şekilde oluşan çatlak ve kırılmalar) BT kullanarak belirlemeye çalışmışlardır. Bu hasarların belirlenmesinde sanal kesit ile sayısal veriler elde edilmiştir. Sayısal verilerle matematik modeller kurulmuş ve basınç nedeniyle oluşan gerilme hasarları tespit edilmiştir (25).

Atahan ve arkadaşları portland çimentosu ile 4 değişik granülometri ve 5 değişik s/ç oranı kullanarak hazırladıkları betonun üzerinde mekanik deneyler yapmışlardır. Betonun içindeki boşluk hacmini hesaplamışlar ve mekanik verilerle karşılaştırmışlardır. Deney sonuçları, yüksek dayanımlı betonların dayanımlarının tahmininde çimento hamurunun boşluk yapısına duyarlılıklarını göz önüne almanın normal dayanımlılarınkine göre daha büyük yarar sağlayacağını göstermiştir (26).

Wong ve Chau, normal ve yüksek dayanımlı (tasarım basınç dayanımları 30 ve 90 Mpa olan) silindirik kalıpta beton numuneleri üzerinde eksenel olmayan bir şekilde yükleme yapmışlardır. Yüklemenin kırılma mekaniği üzerindeki etkisine ve mikro çatlak oluşumunda BT görüntülerinden faydalanmışlardır. Numuneleri kırılma dayanımlarının %85 oranında yükleyerek en son basınç dayanımında (plastik bölgeye geçişte) örnekler içindeki hava kabarcılarının gelişimini izlenmiştir. Normal dayanımlı beton kırıldığında yüksek dayanımlı betona göre mikro yapısında çok farklı davranışlar göstermiştir. Yüksek dayanımlı betonda hava kabarcıklarının artışı önemsizken, normal dayanımlı beton örneklerdeki hava kabarcıklarının gelişimi ve çekirdeklenmesi önemli bir durum oluşturmuştur. Ek olarak, BT görüntüleri üzerinde beton içindeki agregaların uzaysal dağılım haritaları oluşturulmuştur. Geleneksel yollarla üretilen numunelerde gerçek olmayan anizotropiye rastlanılmıştır (27).

2.1. Çimento

2.1.1. Çimentonun tarihçesi

İnsanlık uzun bir süre, 19. asrın ortasına kadar, bağlayıcı madde olarak kireci veya içine puzolan karıştırılmış kireci kullanmıştır. Bu bağlayıcı madde ile 30 m.yi aşan köprüler, önemli çapta deniz yapıları meydana getirmek mümkün olmuştur. 1818 senesinde Fransız mühendislerinden Vicat, içinde bir miktar kil içeren saf olmayan kalkeri pişirmek suretiyle su kireci denilen bağlayıcı maddeyi bulmuştur. Bu şekilde ilk defa çimento ilkesini içeren bir bağlayıcı madde üretilmiştir. 1824 senesinde İskoçyalı Joseph Aspdin, kil ve kireç karışımını fırında pişirerek su kirecinden daha üstün özeliklere sahip bir bağlayıcı madde elde etti. Bu çalışmaları izleyen Isaac Charles Johnson, Aspdin metodu ile üretilen malzeme arasında fazla pişmiş olanların, daha yüksek özelliklere sahip olduğunu gözlemlemiş ve bu görüşe dayanarak pişirme sıcaklığını artırarak bugünkü çimento üretim metodunun esasını saptamıştır (28).

Öğütülmüş malzemeye su ve kum katıldığında ve zamanla sertleşme olduğunda, elde edilen malzemenin renk ve diğer özellikler bakımından Leeds kentine yakın olan "Portland" isimli küçük bir adadan getirilen yapı taşlarını andırdığı görülmüştür. Bunun üzerine, İngiltere'deki resmi otoriteye başvuruda bulunan J. Aspdin, elde etmiş olduğu ürün için "Portland Çimentosu" ismini taşıyan bir patent almıştır (3).

2.1.2. Çimentonun üretimi

Portland çimentolarının ilkel maddesi kireçtaşı (kalker) ve kildir. Portland çimentolarının üretiminde, önce uygun miktarlarda kireç (CaO), silis (SiO_2), alümin (Al_2O_3) ve demir oksit (Fe_2O_3) içeren hammaddeler belirli oranlarda karıştırılarak fırınlarda 1450°C veya 1650°C' ye kadar pişirilirler. Yüksek sıcaklıklarda kalkerin ayrışması ile CaO, kilin ayrışmasında SiO_2, Al_2O_3 ve Fe_2O_3 oluşur. Daha sonra bu maddeler sıcaklığın artmasıyla tekrar birleşip silikatları ve alüminatları oluştururlar. Fırından çıkan gri renkteki fındık büyüklüğündeki malzemeye "klinker" denir. Klinker soğutulduktan sonra öğütülür. Bu öğütme işlemi sırasında çimentonun priz sürelerini ayarlamak için %3~5 oranında alçıtaşı ($CaSO_4.2H_2O$) ilave edilir. 90µ'un altında öğütülen toz halindeki malzeme çimentodur ve bağlayıcı özellik kazanmıştır (28, 29).

2.1.3. Çimento üretimindeki gelişmeler

Gebhart, Kuzey Amerika'da pazarlanmakta olan Portland çimentoları üzerinde 1994 yılında bir araştırma yürütmüştür. Başlıca amaç çimento karakteristikleri üzerinde güncel veriler toplamak ve standartların geliştirilmesine yönelik ihtiyaçları saptamak olmuştur. Sonuçlar özellikle Tip I (normal) ve Tip II (değiştirilmiş) Portland çimentolarında sülfat miktarı, incelik ve dayanımların 50 yıl önce üretilenlerinkinden daha fazla olduğunu göstermiştir. Ortalama olarak, 1950'lerin çimentosu ile kıyaslandığında günümüz çimentosunda kireç doygunluk faktörü ve alit (C_3S) miktarı daha fazladır, o bileşim daha düzgündür ve alkali miktarında biraz artış vardır. Benzer şekilde çimento özellikleri de değişmiştir. Bugünün çimentosu daha hızlı dayanım kazanmakta ve daha yüksek erken dayanıma sahip olmaktadır. Çimento özelliklerinde değişkenlikler ise azalmıştır. (30).

Çimento sektöründeki gelişmeler sadece içyapıdaki geliştirmelerle kalmamıştır. Günümüzde atık maddelerin çevreye verdiği zararlar da göz önüne alınarak, yıllardır yapılan çalışmalar neticesinde yüksek kalitede ve yüksek dayanımları verebilen çimentolar üretilebilmektedir. Bu çimentoların üretilme aşamalarında puzolanlar esas görevi yerine getirmektedir. Özellikle son yıllarda birkaç tip puzolanın farklı oranlardaki ikameleriyle oluşturulmuş harçlarda dayanım ve dayanıklılık açısından çok ciddi gelişmeler gözlenmiştir. Silis dumanı, uçucu kül, tras, volkanik tüf, yüksek fırın cürufu, diyatomit, pirinç kapçığı külü gibi puzolanlar araştırmacıların dikkatini çekmiş ve bu konudaki çalışmalar hızlı bir şekilde yürütülmektedir. Bütün kombinasyonlar denenerek ekonomik, sağlam ve dış etkenlere dayanıklı bir bağlayıcı elde etme isteği artmaktadır.

Bu sebeplerle 1983'den beri CANMET ve ACI tarafından düzenlenen Uçucu Kül, Silis Dumanı, Cüruf ve Diğer Puzolanların Betonda Kullanımı konferansı araştırmacılara iyi bir kaynak olmuştur. Buradan alınan sonuçlar şöyledir: Uçucu kül, yüksek fırın cürufu, silis dumanı, pirinç kapçığı külü gibi sanayi atıkları ile doğal puzolanların oluşturduğu mineral katkılar boşluk doldurma ve puzolanik aktiviteleri nedeniyle betonun birçok özelliklerini iyileştirmek amacıyla beton ve harçlarda ikincil bağlayıcı madde olarak kullanılmaktadırlar. Bu maddelerin kullanımıyla taze betonda işlenebilme iyileşmekte, terleme ve ayrışma azalmakta, hidratasyon ısısı düşmekte, ancak gerekli su ihtiyacı artmakta ve süper akışkanlaştırıcı kullanmak gerekli olmaktadır. Sertleşmiş betonlarda ise ileri yaşlardaki mukavemetler artmaktadır. Rötre ve sünme eğilimi azalma gösterirken, elastisite modülü değişkenlik göstermektedir. Mineral katkıların en etkili olduğu husus betonun durabilitesinin iyileştirilmesidir. Yoğun hamur yapısının oluşmasıyla geçirimlilik azalmakta bunların sonucu olarak asit ve sülfatlara dayanıklılık, donma-çözülme tekrarlarına dayanıklılık artmakta, donatı korozyon riski azalmaktadır (31).

2.1.4. Portland Çimentosunun Hidratasyonu

Hidratasyon, çimentonun içindeki bileşiklerin suyla tepkimeye girmesi ile yeni ürünlerin ortaya çıkması olayıdır. Hidratasyon reaksiyonları ekzotermik (ısı açığa çıkaran) tepkimeler zinciridir ve belirli bir zaman içinde olup bitmez, sürekli bir olaydır. Diğer bir deyişle tepkimeler azalarak malzemenin ömrü boyunca sürer. Çimento toplam dayanımının % 90'lara yakınını 28 gün içerisinde kazanmaktadır. Bu süreç içinde hidratasyon çok hızlıdır. Çimentonun prize başlaması ile başlayan sertleşme süreci, çimentonun dayanımını kazandığı katılaşma süreci ile devam eder. Hidratasyon süresinde iyi kürlenmiş çimento dayanıklı ve dayanımlı bir yapı sergiler (3, 28). Çimentonun hidratasyonu sırasında süregelen tepkimelerin devamı için, çimento hamurundaki su 4 değişik karakterde bulunmaktadır. Bunlar:

- Serbest su: Bir cismin boşluklarında bulunan sudur. Bu su kurur bir mekânda tutularak ya da ısıtılarak uzaklaştırılabilir.
- Adsorbsiyon suyu: Cisimlerin üzerinde Van der Waals kuvvetleri tarafından tutulan sudur. Kristal yapıdaki cisimlerin yüzeyindeki suya zeolitik suyu denir.
- Hidratasyon veya kristalleşme suyu: Cismin yapısındaki sudur. Fakat yapı ile su arasında bir kimyasal bağ oluşmamıştır. Bu su cismin molekülleriyle birleşmiştir. Bundan dolayı yapıdaki suyun herhangi bir şekilde ayrılması ile cismin fiziksel yapısı tamamen bozulur. Karışık bileşimlerin su ile yaptıkları reaksiyon sonunda oluşan hidrate elemanlardaki su böyledir.
- Oluşma suyu: Bu haldeki su artık molekül halinde değildir. Tek valanslı ve negatif elektrik ile yüklü (OH) olarak cisim içinde yer almaktadır. Kaolinit içindeki su bu suya iyi bir örnektir (28).

Bu şekilde bulunan suyun miktarları tüm hidratasyon süreci boyunca tepkimeler olurken kullanılarak değişmektedir. Sertleşmenin başlangıcında suyun yaklaşık %50'si Van der Waals kuvvetleri ile çimento partiküllerine tespit edilen adsorbe sudur, çimento hamurun başlangıçtaki mukavemetin elde edilmesi bu adsorbe su sayesinde gerçekleşmektedir. Fakat zamanla hidratasyon ilerledikçe adsorbe suyun kalınlığı azalır. Su, hidratasyon ve oluşma suyu haline dönüşür. Böylelikle hidrate elemanların miktarının artmasıyla mukavemet zamanla bir artış gösterir (Bkz. Şekil 2.1.) (3,28).

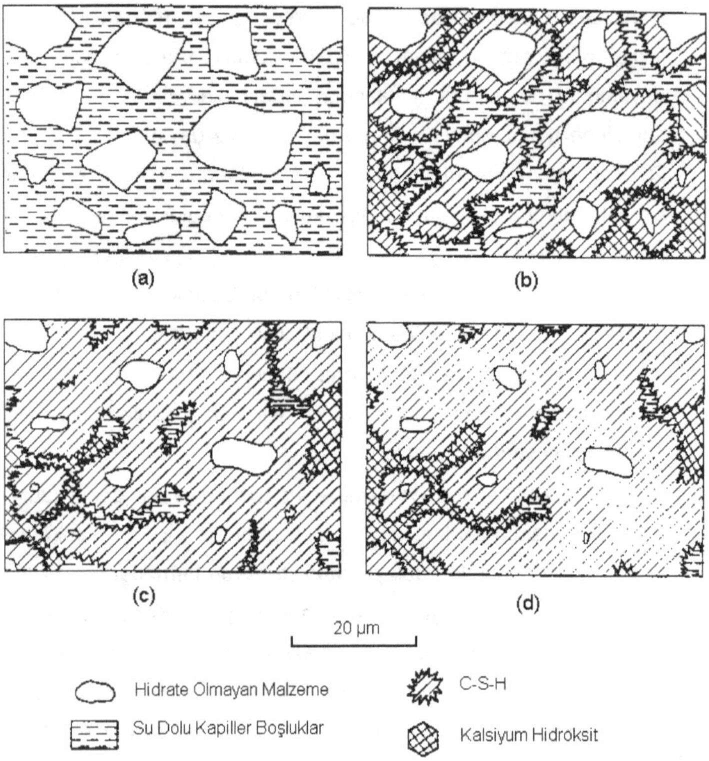

Şekil 2.1. PÇ pastasında mikro yapısal gelişim (a) Karışım sırasında; (b) 7 Gün; (c) 28 Gün; (d) 90 Gün (32)

2.1.5. Çimentonun mikro yapısı

1883 senesinde Le Chatelier tarafından klinkerin optik mikroskopla incelenmesi sonucu çimento içersinde mikro yapıda bazı silikat ve alüminatlar gözlenmiştir. Teknolojinin gelişmesi ile x-ışınlarının malzeme biliminde kullanılabilirliği ispatlandıktan sonra içyapıdaki karmaşık formüller bulunmuştur. Bu karmaşık formüller C_3S, C_2S β türü, C_2S α türü, $Al_2O_3.3CaO$ ve C_4AF olup; bunlar çimentoda değişik reaksiyonlarla hidratasyon olayının yürümesini ve bununla birlikte sertleşme ve katılaşma sürecini oluşturmaktadır. Çimentodaki karmaşık formüllerin özellikleri ve dayanım artışı Çizelge 2.1, 2.2 ve Şekil 2.2.'de gösterilmektedir:

Çizelge 2.1. Çimentonun ana bileşenleri ve özellikleri (33)

Klinker içindeki faz	İdeal kimyasal kompozisyon		Kısaltma
Alit	$3CaO.SiO_2$	Tri kalsiyum Silikat	C_3S
Belit	$2CaO.SiO_2$	Di kalsiyum Silikat	C_2S
Katı Alkali Çözelti	$3CaO.Al_2O_3$	Tri kalsiyum Alüminat	C_3A
Katı Çözeltinin Demir Fazı	$4CaO.Al_2O_3.Fe_2O_3$	Tetra kalsiyum Alüminoferrit	C_4AF

Çizelge 2.2. Çimentodaki ana bileşenlerin rölatif özellikleri (3)

	Ana bileşenlerin Reaksiyon Hızı, Hidratasyon Isısı ve Çimento Hamurunun Dayanıma Katkısı			
	C_3S	C_2S	C_3A	C_4AF
Reaksiyon Hızı	Orta	Yavaş	Hızlı	Orta
Hidratasyon Isısı	Orta (120 cal/g)	Az (62cal/gr)	Çok Yüksek (207 cal/gr)	Orta (100 cal/gr)
Dayanıma Katkısı				
İlk Günlerde	Yüksek	Düşük	Düşük	Düşük
Sonunda	Yüksek	Yüksek	Düşük	Düşük
Atom Ağırlıkları	228	172	270	438

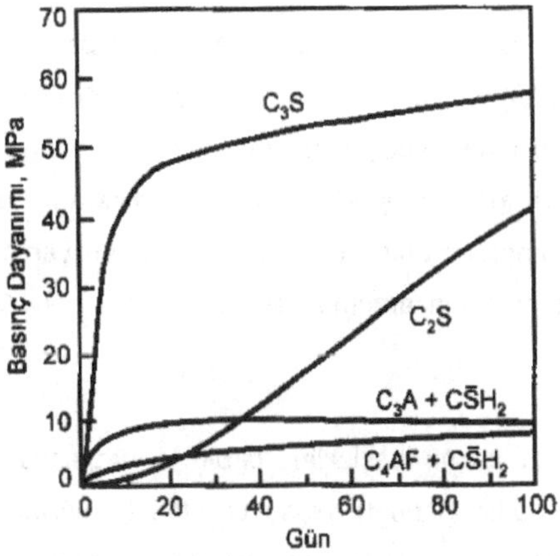

Şekil 2.2. Çimento hamurundaki ana bileşenlerin dayanım artışı (3)

Hidratasyon sonunda oluşan hidrate elemanlar gelişmesini tam olarak tamamlayamadığından düzenli bir kristal yapıya sahip değillerdir. Bu bakımdan bu hidrate elemanlar içyapı jel ile kristal yapı arasında olan kristalit denilen yeni bir içyapı türü oluşmaktadır. Hidratasyon sonunda meydana gelen bütün bu cisimler aralarında muhtelif türde boşluklar bırakırlar. Bu boşluklar dört sınıfta ele alınır. (Bkz. Şekil 2.3.)

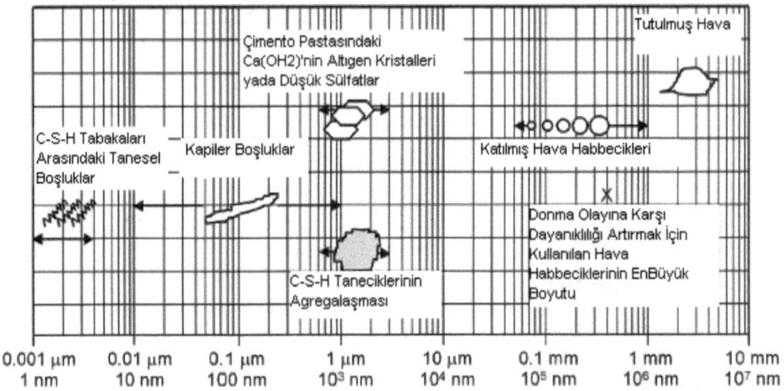

Şekil 2.3. Hidrate çimento pastasındaki gözeneklerin ölçü aralıkları (34)

a) Makro boşluklar: 10µm' den büyük olan boşluklardır. (Aslında bunlar bir miktar kapiler boşluklar gibi görünse de, modern literatürde 50 ηm' den büyük boşluklar için makro boşluk tanımlaması yapılmıştır (35).)

b) Kılcal (Kapiler) boşluklar: 10ηm~10µm arasındaki boşluklardır. Çimento ve suyun karıldığı anda, çimento hamurunun yapısında çimento taneleri ve çimento tanelerinin arasında su dolu küçük boşluklar yer almaktadır (Bkz. Şekil 2.4).

Bu su dolu küçük boşluklar, birbiriyle bağlantısı bulunan kapiler sistem oluşturmaktadır. Çimento ve suyun birleştirildiği anda kimyasal reaksiyonlar başlamakta ve hidratasyon ürünleri ortaya çıkmaya başlamaktadır.

Hidratasyon ürünlerinin hacmi, hidratasyon yapan çimentonun hacminden daha büyük olduğu için (çimentonun hacminden daha büyük yer kapladığı için), hidratasyon ürünleri, kapiler boşlukları azaltacak tarzda gelişmektedir. O nedenle, hidratasyon devam ettikçe, jel miktarı artmakta ve önceden mevcut olan kapiler boşlukların oranı azalmaktadır. Çimento hamurunun yapısında başlangıçta yer alan boşlukların miktarı, çimento hamurunu oluşturan su/çimento oranına bağlıdır. s/ç oranı yüksek olduğu takdirde, daha çok kapiler boşluk yer almaktadır (3).

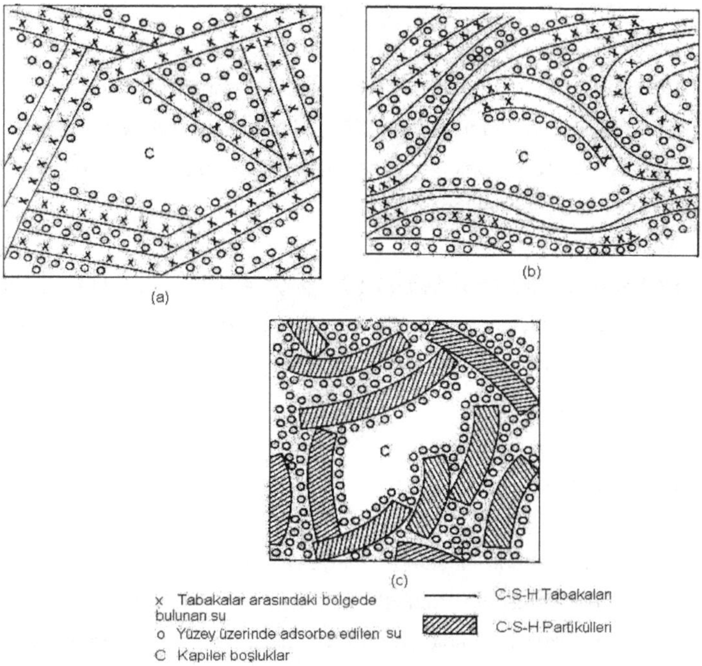

Şekil 2.4. Çeşitli C-S-H modellerinin şematik gösterimleri
(a) Powers-Brunauer modeli, "The Physical Structure and Engineering Properties of Concrete, No:90, Portland Cement Association", (b) Feldman-Sereda modeli, "Engineering Journal (Canada), Vol.53, No.8/9, 1970", (c) Munich modeli, Wittman'dan uyarlanmış, "Cement Production and Use, No:79-08, Engineering Foundation, New York, 1979" (36)

c) Mikro boşluklar: 103 Å~102 Å (1Å=10^{-7} mm) arasındaki boşluklardır. (50 ηm' den küçük olan boşluklar için mikro boşluk tanımlaması yapılmıştır ve bunlar kuruma rötresi ile büzülme için çok önemli boşluklardır (39).)

d) Jel boşlukları: 0,5ηm~4ηm arasındaki boşluklardır (36). Jel boşlukları, hidratasyon sonucunda oluşan jellerin yapısında yer alan (jel yapısının bir parçası olan) boşluklardır. Birbiriyle bağlantısı olan bu boşlukların çapı 15-20 angström civarındadır. Jel boşluklarının boyutu çok küçük olduğu için jel üzerinde adsorbe durumda olan suyun mobilitesi çok azdır. Jel boşluklarındaki su, serbest su gibi kolayca hareket edememekte, boşlukları kolayca terk etmemekte ve serbest su gibi 0°C sıcaklıkta donma göstermemektedir. Jel boşluklarındaki su -78 °C sıcaklıkta donmaktadır. Hidratasyon sonucu oluşmuş olan jelin yapısında, hacim olarak. % 28 kadar jel boşluğu bulunmaktadır (37). Hidratasyon devam ettikçe çimento hamurunun içerisindeki jel miktarı ve jel boşluklarının miktarı artmakta, fakat bu oran değişmemektedir (3).

Bir başka sınıflandırmada ise boşluklar üç aşamada ele alınmıştır bunlar: Jel nanometre boyutunda olanlar jel boşlukları, mikrometre boyutundakiler kapiler boşluklar ve milimetre boyutundakiler ise hava kabarcıkları olarak tanımlanmıştır (36).

2.2. Puzolanlar

Puzolanlar, kendi başlarına bağlayıcı özellik taşımayan, ancak ince öğütülmüş halde ve rutubetli ortamda $Ca(OH)_2$ ile reaksiyona girerek bağlayıcı özelliğe sahip bileşenler oluşturan, silisli veya silis alüminli malzemeler olarak tanımlanmaktadır (38). Puzolanlar, doğal ve yapay olarak iki kısımda işlenirler. Doğal puzolanlar başlıca çok ya da az değişikliklere uğramış, volkanik kökenli tortul kayalardan oluşurlar. Suni puzolanlar doğal maddelerin kil ve şist olarak ısıtılmasıyla elde edilirler, bunun dışında diğer ürünlerin atıklarıdırlar. Kaynakları ne olursa olsun puzolanların esası miktarlarda da olsa her zaman var olan silistir. Doyurucu özelliklere sahip puzolanlar % 40'dan % 80'e kadar SiO_2 içerebilirler. Kireç içeriği genelde çok düşüktür. Silis dumanının tersine doğal puzolanlarda veya uçucu küllerde alkaliler (K_2O, Na_2O) dikkate değer miktarlarda bulunurlar. Ancak tüm silisli ve alüminli malzemelerin puzolan olduğu söylenemez. Örneğin kuartz (SiO_2), sillimanit ($Si(Al_2O_5)$), mullit ($Si_3(Al_4O_{12})$) kristal yapıda malzemeler olmaları nedeniyle puzolanik özelliğe sahip değillerdir (1).

Puzolanik maddeler, çimento üretiminde iki farklı şekilde değerlendirilmiştir. Puzolan çimento yerine belirli oranlarda ikame edilir ya da klinker ve alçıtaşının öğütülme sürecinde doğrudan eklenir. Her iki eklenme modelinde, çimento üretimi ve özellikleri için ciddi kazanımlar sağlanılmaktadır. Puzolanların beton üzerindeki bazı etkileri şöyledir:

Olumlu etkiler:

- Taze betondaki işlenebilmeyi artırmaktadır.
- Taze betondaki terlemeyi azaltmaktadır.
- Betonun hidratasyon ısısını azaltmakta, böylece, kütle betonlarındaki çatlamayı önlemektedir.
- Sertleşmiş betonun porozitesini dolayısıyla su geçirimliliğini azaltmaktadır.
- Sertleşmiş betonun sülfatlara dayanıklılığını artırmaktadır.
- Sertleşmiş betondaki alkali-silika reaksiyonu azaltmaktadır.
- Ekonomiklik sağlamaktadır.

Olumsuz etkiler:

- Özellikle soğuk havada taze betonun prizini geciktirmektedir.
- Betonun ilk günlerdeki dayanım kazanma hızını azaltmaktadır.
- Betonun daha dikkatli ve daha uzun süreyle kür edilmesini gerektirmektedir.
- Hava sürüklenmiş betonların içerisine dahil edilecek sürüklenmiş hava miktarını azaltmaktadır (3).

2.2.1. Volkanik tüfler (VT)

Doğal puzolanların büyük kısmı volkanik kökenlidir. Volkanik püskürme sırasında silisli ve alüminli bileşiklerden oluşan eriyik durumdaki magma, yüzeye lav olarak çıktığında çok çabuk soğuma gösterdiği taktirde, camsı (amorf) yapıya sahip olmaktadır. Püskürme sırasında gazların da bulunması, malzemenin gözenekli yapıya ve çok büyük yüzey alanına sahip olmasını sağlamıştır. Yüzey alanının büyük olması ve düzensiz yerleşim göstermesi sebebiyle alüminli silisler sulu ortamda kalsiyum iyonlarıyla kolayca reaksiyona girebilirler. Volkanik püskürmenin çok hızlı olması, malzemenin daha amorf yapıya ve daha yüksek puzolanik aktiviteye sahip olmasını sağlamaktadır (39).

Pomza boşluklu, süngerimsi, volkanik olaylar neticesinde oluşmuş, fiziksel ve kimyasal etkenlere karşı dayanıklı, gözenekli camsı volkanik bir kayaçtır. Oluşumu sırasında, bünyedeki gazların, ani olarak bünyeyi terk etmesi ve ani soğuma nedeniyle, makro ölçekten mikro ölçeğe kadar sayısız gözenek içerir. Gözenekler arası genelde (özellikle mikro gözenekler) bağlantısız boşluklu olduğundan permeabilitesi düşük, ısı ve ses yalıtımı oldukça yüksektir. Pomzada gözenekler, çoğunlukla birbiriyle bağlantılı değildir. İçerdiği gözenekler gözle görülebilecek boyutlardan, mikroskobik boyutlara kadar sayısız miktarda olup, her biri diğerinden camsı bir zarla yalıtılmıştır. Bu yüzden hafif, suda uzun süre yüzebilen, izolasyonu yüksek bir kayaçtır. Sertliği Mohs ölçeğine göre 5-6'dır. Kimyasal olarak % 75'e varan silis içeriği bulunabilmektedir. Pomza yaklaşık olarak 1300-1350 C^o de ergir ve 750 C^o altında hacimsel ya da yapısal herhangi bir değişime uğramaz. Ancak 750 C^o üzerindeki sıcaklıklarda bünyesindeki liflerde buruşmalar gözlenir. Hacimsel olarak değişime uğrayarak büzüşür ve küçülür. Piroklastik yataklardaki pumis ve pumisitler bünyesinde % 14'e yakın nem içerir. Deniz suyundan ve asitlerden etkilenmez. Demire karşı korozif etkisi yoktur. Suda erimez (2, 40).

VT çeşitleri

Asidik ve bazik volkanik faaliyetler neticesinde iki tür VT oluşmuştur. Bunlar; asidik pomza ve bazik pomzadır. Bazik pomzaya bazaltik pomza veya Scoria da denilmektedir. Bazaltik pomza, koyu renkli, kahverengimsi, siyahımsı olabilmektedir. Özgül ağırlık 1-2 gr/cm^3 civarındadır. Yeryüzünde en yaygın olarak bulunan ve kullanılan türü olan asidik pomza, beyaz, kirli görünümde ve grimsi beyaz renktedir (Bkz. Resim 2.1.).

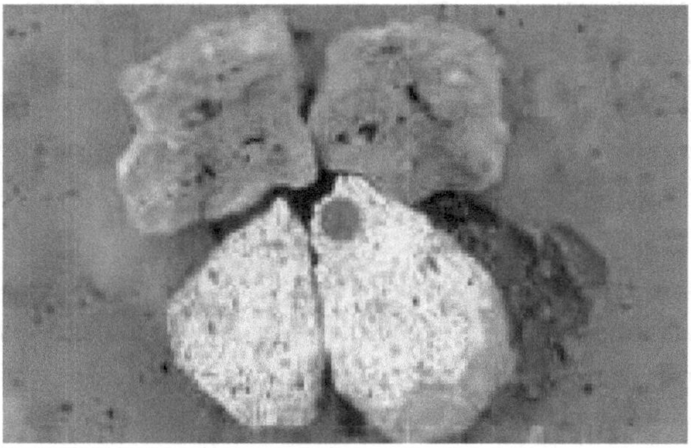

Resim 2.1. Asidik ve bazik VT

Asidik pomzada kimyasal olarak % 70'in üzerinde silis kapsamına sahip olduğu için bu materyalin aynı zamanda puzolonik özelliği vardır. Bilindiği gibi, puzolonik aktivite, puzolanın içindeki aktif silisin $Ca(OH)_2$ ile reaksiyona girebilme özelliği olarak nitelendirilebilir. Her iki tür de, oluşum esnasında ani soğuma ve gazların bünyeyi ani olarak terk etmesi sonucu oldukça gözenekli bir yapı kazanmıştır. Ancak, asidik magmanın yoğunluğu bazik magmaya göre daha düşük olup, pomzanın yoğunluğu yaklaşık 0,5-1 gr/cm^3 civarındadır. Silisyum, Alüminyum, Potasyum ve Sodyum ihtiva eder ve bu bileşimler nedeniyle de açık renkli görünüm sergilemektedirler (2, 40).

VT oluşumunda etken olan önemli mineralojik bileşenler ve oluşum dinamiği

Magma, çözünmüş gazları bünyesinde bulunduran ve silikat, oksijen ve metal bileşimlerini içeren bir erimiş silikat kütlesidir. Silis ve oksijene ilaveten bulunan başlıca içerikler, alüminyum metalleri, demir, magnezyum, manganez, kalsiyum, sodyum, potasyum ve titanyumla birlikte, su buharı içeren gazlar, CO_2, hidrojen sülfit, sülfür dioksit ve hidrojen'dir. Florin ve klorin gibi diğer elementler de eser miktarda bulunabilmektedir. Pomzanın genel kimyasal bileşimi; % 60-75 SiO_2 , % 13-17 Al_2O_3 , % 1-3 Fe_2O_3 , % 1-2 CaO, % 7-8 Na_2O - K_2O ve eser miktarda TiO_2 ve SO_3'den oluşmaktadır. Kayacın içerdiği SiO_2 oranı abraziflik özelliği kazandırmaktadır. Bu özelliğinden dolayı çeliği rahatlıkla aşındırabilecek bir kimyasal yapı sergileyebilmektedir. Al_2O_3 bileşimi ise ateşe ve ısıya yüksek dayanım özelliği kazandırmaktadır (2).

Magma yeryüzüne ulaştığında, soğuma ve katılaşma sonucu volkanik kayaçları oluşturur. Şayet soğuma yavaş bir şekilde gerçekleşirse, yapıdaki atomlar düzgün bir şekilde bir araya gelerek, düzenli yapısal kafesleri (embriyo kristalleri) oluştururlar. Sıcaklığın azalması yavaş bir şekilde sürerken, bu kristaller erimiş kütle tamamen kristalleşene kadar, daha büyük tane boyutlarına yükseltgenirler. Diğer yandan hızlı soğuma, atomların düzensiz ve gelişigüzel bir şekilde sıralanmasına neden olarak, camsı bir yapının oluşmasını sağlamaktadır (2, 40).

Mevcut durum ve sorunlar

Ülkemiz, pomza rezervleri açısından oldukça önemli bir potansiyele sahiptir. Araştırılmış alanlarda yaklaşık 3 milyar m^3 pomza rezervi olduğu tahmin edilmektedir. Pomza rezervlerinin İç Anadolu ve Doğu Anadolu bölgelerinde yoğunlaşmış olmasına karşılık, Akdeniz ve Ege bölgelerinde de pomza rezervlerine rastlanılmakta ve üretim faaliyetleri görülmektedir. Dünya pomza rezervleri bakımından önemli bir yere sahip olan Türkiye, 10'a varan birim hacim ağırlığı, renk ve doku kalitesine sahip pomza türleri ile oldukça yüksek dış pazar şansına sahiptir. M.T.A Genel Müdürlüğü'nce ülke çapında yapılan pomza ile ilgili detaylı jeolojik etüt çalışmalarından elde edilen verilere göre ülkemizde varlığı bilinen pomza yatakları ve bunların rezerv durumları Çizelge 2.3'de verilmiştir:

Çizelge 2.3. Türkiye'de bulunan mevcut pomza rezervleri (2)

Yeri	Rezerv Miktarı
Bitlis- Tatvan	1 100 000 000
Nevşehir-Avanos-Ürgüp	404 412 834
Kayseri-Talas-Tomarza	284.000.000
Kayseri-Talas-Tomarza	241 000 000
Van-Erciş-Kocapınar	154 625 000
Kayseri-Develi	58 500 000
Derinkuyu	48 660 500
Kars-Iğdır-Kavaktepe	40 156 250
Isparta-Gölcük	30 983 250
Ağrı-Patnos	27 812 000
Ağrı-Doğubeyazıt	26 875 000
Kayseri-Gömeç	13 250 000
Kars-Digor	11 718 750
Ankara-Güdül-Tekköy	8 070 000
Van-Mollakasım	5 950 000
Kars-Sarıkamış	1 875 000

2.3. Porozite

2.3.1. Çimento ve betonda porozite

Bir katı madde ile bunun içinde dağılmış olan boşlukların oluşturduğu hacme porozite denir. Boşluklu ortam içinde sürekli ve süreksiz (kapalı) boşluklar olmak üzere iki çeşit porozite vardır. Beton içindeki boşluklar şu şekilde sınıflandırılmaktadır.

a) Agrega tanelerinin kendi bünyesi içindeki boşluklar: Bunlar genellikle son derece küçük çaplıdır.
b) Sertleşmiş çimento hamuru içindeki jel, kılcal ve büyük boşluklar: Sertleşmiş çimento hamuru içinde (10~35)Å boyutundaki boşluklar jel ve (60~106)Å boyutundaki boşluklar kılcal boşluklar olarak tanımlanmaktadır. Genelde birbirine bağlı bulunan kılcal boşluklar zamanla hidratasyon olayının gelişmesi sonucu tıkanarak sürekliliğini kaybedebilirler. Çimento hamuru içindeki büyük boşlukların boyutları ise 0,1mm'den daha büyüktür.
c) Agrega yığını içinde kalan boşluklar: Özellikle iyi yerleştirememe sebebiyle çok kuru kıvamdaki betonlarda olur. Agrega taneleri arasında çimento hamuru veya çimento harcı giremediği için oluşan boşluklardır.
d) Betonun farklı oturmasının yol açtığı boşluklar: betonun oturmasının herhangi bir şekilde önlenmesi dolayısıyla ve özellikle bu oturmayı iri agrega tanelerinin takip edememesi nedeniyle bu iri agrega tanelerinin altında oluşan boşluklardır (41).
e) Çimento harcının agrega tanelerinin arasını doldurmaları sırasında (özellikle plastik kıvamda) oluşan küresel hava boşlukları (41). Bu boşluklar çimentonun sertleşme sürecinde oluşturduğu yapı neticesiyle, kururken büzülme etkisiyle oluşabilmektedir (3).
f) Hava sürüklenmiş betonlardaki serleşmiş çimento hamurunun içerisinde yer alan "sürüklenmiş hava kabarcıkları"
g) Taze betondaki terleme nedeniyle betondaki suyun yüzeye çıkma eğilimi sonucunda, sertleşmiş çimento hamurunun içerisinde yer alan boşluklar. Ayrıca, üst kısımlara hareket eden suyun iri agrega tanelerinin ve betonarme demirlerinin altlarında birikmesi sebebiyle yer alan boşluklar. Betonda terleme olayı sonrasında oluşan kılcal boşluklar betonun geçirimliliğini artırırken fiziksel etkilere dayanıklılığını da azaltmaktadır.

Betonarme demirlerinin altında oluşan hava kabarcıkları ise beton ve donatı demirlerinin arasında olması gereken aderansı azaltarak demirlerin korozyonunu hızlandırmaktadır.

h) Hapsolmuş hava boşlukları: bu tür boşluklar, betonun karılması ve yerleştirilmesi esnasında betonun içerisine kendiliğinden girmiş olan havanın yarattığı boşluklardır. Yerine yerleştirilen taze betona uygun tarzda sıkıştırılma işleminin uygulanması sonucunda, bu boşlukların önemli bir bölümünü ortadan kaldırabilmek mümkün olabilmektedir. Betonun içinde kalan boşlukların miktarı, beton üretiminde kullanılan malzemelerin oranları tarafından da etkilenmektedir. Kullanılan en büyük agrega boyutunun büyümesi boşluk oluşumunu azaltmaktadır. Normal olarak sıkıştırılma işlemi görmüş bir betondaki boşlukların toplamı beton hacminin yaklaşık %0,5-3'ü arasındadır. Ayrıca bu hava boşlukları homojen bir boyutta ya da yerleşimde değildir. Beton içindeki hapsolmuş hava boşluklarının toplam hacminin yüksek olması, betonun yoğunluğunu azaltmakta, su emme kapasitesini ve geçirimliliğini artırmakta, beton dayanımı ve dayanıklılığını azaltmaktadır (3).

Bu sebeplerle oluşmuş hava durağan olmadığı gibi beton içinde faydalı da değildir. Çünkü kabarcıklar nispeten büyük, geniş çapta ayrışmış ve düzensiz şekillerdedir. Bundan dolayı olumsuz fiziksel ve mekanik etkilerin beton üzerindeki baskısını artırmaktadırlar (42).

Hidratasyon çimento tanelerinin yüzeyinde başlar ve zamanla tanelerin iç kısımlarına doğru ilerler. Çimento tanesi, hidratasyon öncesi 31.8 ml., hidratasyon sonrası toplam 67,9 ml. olmaktadır. Hidratasyon sonrasında çimento tanesi 19,0 ml. jel suyu ve 48,9 ml. hidratasyonun katı ürünlerini oluşturur (37). Böylece hidratasyon süreci, hidrate olmayan çimento tanesi hacminin 2,1 katına çıkmasıyla sonuçlanır. Diğer bir deyişle çimento jelinin hacmi, hidratasyon yapan çimentonun hacminden daha büyüktür ve 1cc çimento hidratasyonunu tamamladığında ~2.1cc çimento jeli üretmektedir (3).

Bu süre sonunda makro boşluklar azalır, buna karşılık mikro boşluk, kapiler ve jel boşlukları artar (28). Şekil 2.5.'de priz sonu süresi ile hidratasyonun sonundaki çimento taneciklerinin yapısı görülmektedir.

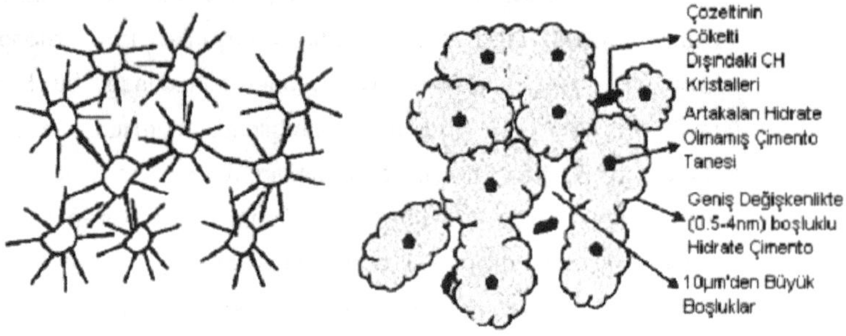

a b

Şekil 2.5. Boşlukların hidratasyon ürünleriyle dolması (7)
a) Çimento tanesinin priz sonu
b) Tamamen hidrate olmuş çimento tanesi

Çimentonun hidratasyonu için gereğinden fazla kullanılmış olan su beton kütlesi içindeki boşluklarda kalır ve beton dayanıklılığına önemli ölçüde etki yapabilir. Fazla su betonun kuruması ile birlikte kaybolur ve bu betonun porozitesinde artışa sebep olurken mukavemeti düşürür (43). Birbiri ile bağlantılı olan boşluklar dışarıdan gelen zararlı maddelerin geçmesi için kanallar oluşturur ve böylece birbiri ile bağlantılı boşluklar betonun geçirimliliğini arttırır. Genel olarak, geçirgen bir beton agresif çevresel ortamlarda kimyasal etkilere daha açıktır. Bu atak betonun performansını ve dayanıklılığını düşürür (44). Ayrıca kapiller ve makro boşluklara dolan su donma-çözünme etkisinden hacim genişlemesi yaparak bu arada yine kılcal boşlukların zamanla hidratasyon ürünleriyle dolmasıyla şişme ve kılcal çatlaklar (rötre) oluşmaktadır. Bu çatlaklarla ilgili gelişim Şekil 2.6.' da görülmektedir (7).

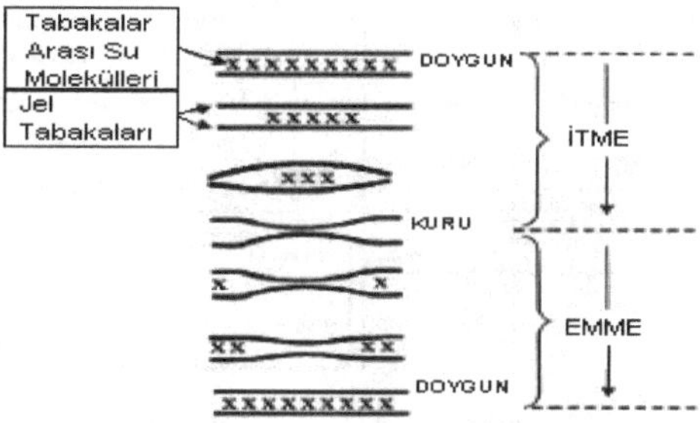

Şekil 2.6. Suyun C-S-H tabakalarına giriş çıkışıyla ilgili basit bir model (7, 45)

Betonun porozitesinin mekanik özellikler üzerindeki etkisi nem düzeyindeki değişikliklere bağlıdır. Beton içindeki gözenek sistemi sabit değildir. Gözenekler, karışım sırasındaki su içeriğinden, kür sırasındaki nem oranından ve farklı durumlara maruz bırakılmadan etkilenir. Bu üç faktör çimento karışımının hayatı boyunca toplam poroziteyi ve gözenek boyut dağılımını etkiler. Ayrıca gözeneklerin su emme yetenekleri vardır. Bundan dolayı betonun donma-çözülme kapasiteleri toplam gözenekliliğe bağlıdır (7).

Yapılan bir araştırmada, beton dökümü süresince oluşan gözeneklerin şeffaf kâğıda doğru hareketlerinin gözlenerek incelenmesi sonucunda bunların hava kabarcıkları olduğu kanaatine varılmıştır. Bunlar iki tiptir. Birincisi (en yaygını) hemen yüzeyin altında gömülü olarak kalıp yüzeyi ile bağlı halde yumurta şeklindeki hava kabarcıklarıdır. İkinci tip; agregaların arasında ve düzensiz bir şekle sahip olan hava kabarcıklarıdır. İkinci tip kabarcıklar sıkıştırmanın bozmaya çalışmasına rağmen sabit kalma eğilimindedir (46). Bu boşluklar tutulmuş ve katılmış hava kabarcıkları olarak sınıflandırılabilir ve bunlar 3ηm'den büyük olan boşluklardır (40). Tutulmuş hava kabarcıkları betonun mukavemetine direk etki ederken, geçirgenliğin artmasıyla kimyasal etkilere dayanıksızlığını da sağlamaktadır. Ayrıca betonun servis ömrünü olumsuz etkilemektedir. Betonun boşluk dağılımının basınç dayanımına etkisinin verildiği karşılaştırma Şekil 2.7.'de daha iyi anlaşılabilmektedir (6).

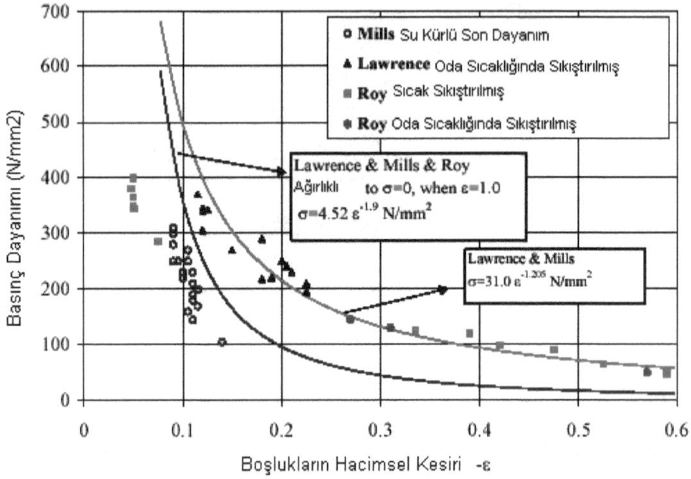

Şekil 2.7. Basınç dayanımı ve porozite ilişkisi (6)

Betonun dayanımı yanında durabilitesinin de yeterli olması istenir. Geçirimsiz olması istenen bir betonun durabilitesinin de yeterli olacağı beklenir. Geçirimli ve boşluklu bir beton içindeki çeliği koruyamaz. Karbonatlaşma ve klor difüzyonu ile oluşan çelik korozyonu betonarme yapıda dayanım azalmasına neden olur. Sismik yüklemeler sırasında bu tür çatlaklar ilerler ve kalan dayanım daha da azalır. Bundan dolayı depremle korozyon arasında doğrudan ilişki vardır. Böylece betonun çatlaması, kırılması, betonun mikro yapısı ile mekanik davranışı arasındaki ilişkinin saptanması büyük önem kazanmaktadır (26).

Taze çimento pastasındaki çimento tanecikleri arasındaki kabarcıklar hava ve/veya sıvı ile dolu olabilir (47). Taze dökülmüş betonun hava içeriğinin, sıcaklığının ve birim ağırlığının ölçülmesi beton yapıların kalite kontrolünün omurgasını oluşturur. Bunlar olmadan karışım özellikleri, ürünlerin kontrolü ve rahat yerleşebilirlik, dayanım gelişimi ve betonu donma durumuna maruz bırakmak ve durabilitesini belirlemek olası değildir (48).

Hidratasyon sürecindeki boşlukların durumları için NIST (National Institute of The Standarts and Technology) laboratuarlarında yapılmış modellerin değerlendirmeleri Şekil 2.8.'de görülmektedir (49).

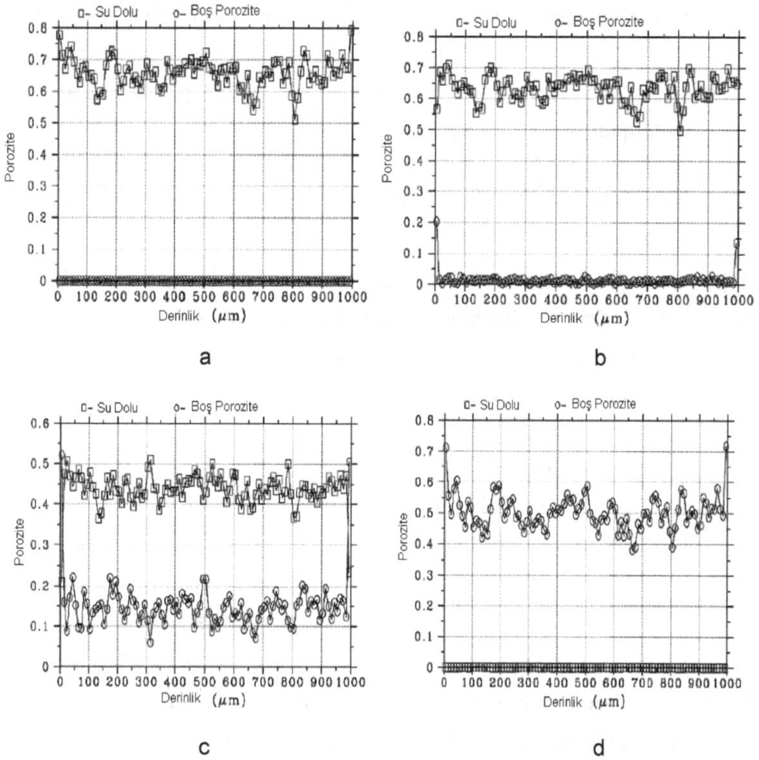

Şekil 2.8. Hidratasyon süresi içindeki boşluk yapısının gelişimi
a. Porozite=f (Derinlik) hidratasyon öncesi, Porozite=f (Derinlik)
b. 25 hidratasyon sürecinden sonra (0.7h.),
c.Porozite=f (Derinlik) 75 hidratasyon sürecinden sonra (7h.),
d.Porozite=f Derinlik) 280 hidratasyon sürecinden sonra (90h.)

2.3.2. Porozite ölçümleri için geliştirilmiş teknikler

Betondaki boşlukların miktarları ve gelişimlerinin ölçülebilmesi için birçok yöntem geliştirilmiştir. Ancak bu yöntemler yalnızca toplam poroziteyi bulmak amacıyla kullanılmaktadır. Bunlardan bazıları ve sistemleri şöyledir:

- Teorik Hesap Yöntemi: Betonun hava içeriği hava hacmi ile betonun toplam hacmi arasındaki ilişkidir (42,47).

Toplam hava (%) = 100 x Çimento hava hacmi / Toplam beton hacmi [2.1]

- Gravimetrik metot: Bu yöntemle normalde kesin olarak malzemelerin hacmi direk bulunamamaktadır. Bunun yerine hacme ulaşabilmek için, malzemelerin ağırlığı ve özel gravitesi belirlenerek bazı hesaplamalar yapılması gerekmektedir.

(UWN) =% Hava= (UWN - UW) X 100 / UWN [2.2]
UWN=yerçekimi kullanılarak belirlenen betonun varsayımlı katı birim ağırlığı
UW=Betonun gerçek birim ağırlığı

- Lineer dönüşüm yöntemi: Hava kabarcıklarının kiriş ölçümleri yapılmasına dayanan bir yöntemdir bu sistem sertleşmiş betonda uygulanır.
- Nitelenmiş noktaların sayılması metodu: Bu yöntem de sertleşmiş betonlar içindir. Lineer dönüşüm yöntemine benzer bir tekniktir (42).
- 15 µm'den büyük gözeneklerin optik mikroskopla sayılması ile porozitenin belirlenmesi (47).
- Civa porozimetre (MIP=Cıva iç püskürtmeli porozimetre), 15µm ile 40Å arasındaki gözeneklerin tespitinde geçerlidir. En çok kullanılan yöntemlerden birisidir. Belli bir düzenekte yerleştirilmiş numuneye basınçlı cıva emdirilir. Emilen civanın miktarından boşluk hacmi belirlenir.

- BET nitrojen veya su buharı adsorbsiyon yöntemi ile 40Å'den küçük boyuttaki gözenekler belirlenebilir. Bu yöntemin çalışma düzeneği MIP sistemine benzemektedir (45, 48, 50).
- Sıvı yer değiştirme yöntemi: Sertleşmiş numuneyi kuru halde ve suya doygun halde tartarak ağırlıkları bulunur buradan alınan veriler aşağıdaki formülde yerine konur ve porozite bulunur (48).

Porozite = (Ws – Wd) / (Ws – Wb) X 100 % [2.3]

Ws: Suya doygun numune ağırlığı

Wd: Kuru halde numune ağırlığı

Wb: Suda batmayan kısmın ağırlığı

- Helyum girişi veya iç akışı yöntemi (50).
- Görüntü Analizi (Image Analysis)
- Düşük açılı X-ışını saçılımı
- Nükleer manyetik rezonans: Islak malzemelerin boşluk boyutları ölçülebilir (3, 50, 51).
- Taramalı Elektron Mikroskobu ile porozite ölçümü (ESEM-SEM): Hidratasyon ürünleri dahil olmak üzere ~50binX büyütme yapılabildiği için çimento iç yapısı gözlemlenebilir.
- Akım spektroskopisi ile boşluk ölçümü: Çimentonun elektriksel özellikleri bulunur ve geçirimlilikle ilgili bilgiler çizelgesel olarak tanımlanabilmektedir (50, 51).
- Bağlayıcı sistem ve boşluk yapısı arasındaki ilişkinin fiziko-mekanik davranışı (50).
- X-Işını Teknikleri: X-Işını Bilgisayarlı Mikro tomografi ve X-Işını Bilgisayarlı tomografi

2.4. Bilgisayarlı Tomografi (BT)

Bilgisayarlı tomografi (BT), kolime edilmiş X-ışını kullanılarak, incelenen objenin belirli bir kalınlıkta kesitsel görüntüsünü oluşturmaya yönelik radyolojik görüntüleme yöntemidir. Kolime edilmiş X-ışını demetinin objeyi geçen kısmı, X-ışının tüpünü karşısına yerleştirilmiş detektörler tarafından saptanarak görüntüye dönüştürülmektedir (52).

2.4.1. BT' nin tarihsel gelişimi

BT 1963 yılında Cormak tarafından teorize edilmiş ve radyolojide yeni bir çığır açmış kesitsel bir görüntüleme yöntemidir. BT ile ilgili ilk başarılı klinik uygulamalar 1967 yılında G. Hausfield tarafından gerçekleştirilmiş ve 1971 yılında hastane şartlarında uygulamaya başlanmıştır. ABD'nde ilk BT ünitesi 1973'te Mayo Klinikte kurulmuştur. BT'nin ülkemizdeki ilk kullanımı ise Mart 1976 yılında Ankara' da Hacettepe Üniversitesi'nde gerçekleşmiştir.

2.4.2. BT fiziği

BT aygıtları üç ana bolümden oluşur. Bunlar X-ışın kaynağı ve detektörlerin bulunduğu tarayıcı, bilgilerin toplanıp değerlendirildiği bilgisayar ve görüntülerin yapıldığı görüntüleme birimidir. Tarama birimi X-ışını tüpü ve detektörlerin bulunduğu, ortasında incelenecek kesimi içine alan bir açıklığı bulunan "gantry" ile gantry açıklığı içerisine girip çıkabilen, üzerine hastanın uzandığı hareketli masadan ibarettir (Bkz. Resim 2.2.). Röntgen tüpü ve detektörler her taramada hastanın çevresinde birbirine bağlı olarak dönerler. X-ışını kolime[1] edilmiştir. Bu kolimasyon kesit kalınlığına uygun olarak operatör tarafından seçilir. Kolimasyon sonucu saçılma azalmış ve dolayısıyla kontrast ve geometrik rezolüsyon artmıştır. (Bkz. Resim 2.3.)

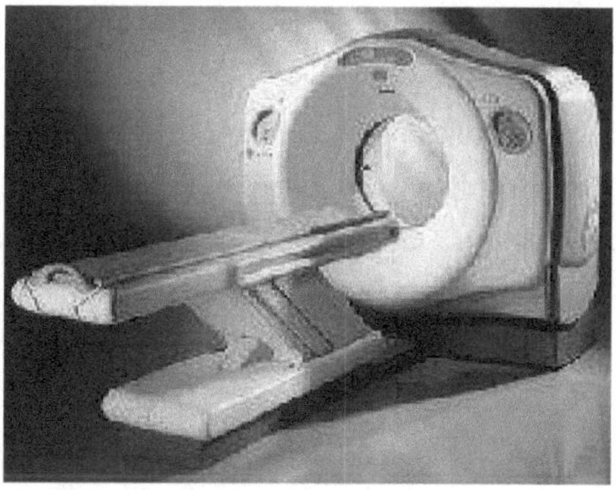

Resim 2.2. Bilgisayarlı tomografi cihazı (Gantry ve sedye)

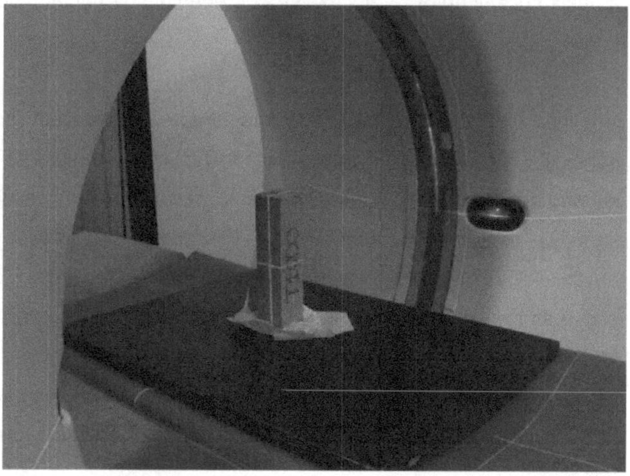

Resim 2.3. Gantry içinde bulunan örneklerin koordinat düzlemine oturtulmasını sağlayan lazer konum ayarlayıcı

Detektörler hastadan geçen X-ışınının attenuasyonunu ölçer. Kesitin alınacağı seviye gantry'nin içinde bulunan ışıklı bir gösterge ile işaret edilir. Aygıtlarda detektör olarak sodyum iyodid kristalleri kullanılmıştır. Günümüzde detektör materyali olarak genellikle sıkıştırılmış Xenon gazı veya katı malzeme kullanılmaktadır (53).

X-Işını

X-ışınları, bir moleküle çarptırılan hızlandırılmış elektronların kinetik enerjilerinin elektromanyetik enerjiye dönüşmesiyle oluşur (54). X-ışınları, havası boşaltılmış bir tüp içinde, yüksek gerilim altında ısıtılan katottan çıkan elektron demetinin hızlandırılarak anoda çarptırılması ile elde edilmektedir. Katottan fırlatılan elektronlar anoda çarptıklarında birden bire dururlar ve kinetik enerjileri başka enerji şekillerine dönüşür. Enerjinin korunması prensibine göre, röntgen cihazlarında gerçekleşen değişim ile bu enerjinin %99,8'i ısıya dönüşürken sadece %0,2'si frenleme ve karakteristik radyasyon şeklinde tanımlanan X-ışınını oluşturmaktadır. Aslında diagnostik (tanısal) amaçla kullanılmaya elverişli X-ışını bu enerjinin de ancak binde biri kadardır (52).

X-ışınları elektromanyetik radyasyon sınıfında olup iyonizan radyasyon etkiye sahiptir. Elektromanyetik radyasyonların hızları ışık hızına eşittir. Nokta ışık kaynağından yayılan elektromanyetik radyasyonların etkileri, uzaklığın karesiyle ters orantılı olarak azalır. Elektromanyetik radyasyonların dalga boyları çok küçük olduğu için direk atomla etkileşir ve bundan dolayı iyonizan etkiye sahiptir. İyonizan radyasyonlar diğer ışık yada dalgalardan farklı kılan, fotonun taşıdığı enerjidir. X-ışını fotonunun enerjisi, maddeyi geçerken birçok atomun elektron sayısını değiştirebilir ve birçok moleküler bağı çözebilir Bir fotonun enerjisi 15eV veya daha fazla ise atom veya molekülleri iyonize edebilir.

X-ışınının penetrasyon yeteneği (gücü) x-ışınının enerjisi arttıkça artar. 100 keV enerjili x-ışını, yumuşak kitlenin bir cm.sinde % 3 zayıflamaya uğrarken 10 keV enerjili bir ışın yaklaşık % 15 oranında zayıflar (54).

X-ışınının radyasyon etkisi ile su molekülü iyonlaşır, H^+ ve OH^- iyonlarını oluşturur. Buna suyun radyolizi denir. Suyun radyolizi sonucunda yaklaşık 1 milisaniye süre içinde H^+ ve OH^- serbest kökleri oluşur. Bunların enerji fazlaları diğer molekülleri etkileyerek moleküler bağları çözebilir. Ayrıca serbest köklerin birleşmesi sonucu, hidrojen peroksit (H_2O_2) oluşabilir (54). Bu madde şiddetli bir oksidan maddedir. Elementlerin dış orbitlerindeki elektronlar kimyasal reaksiyonlarda önemli rol oynar. Radyasyon etkisiyle bu elektronların sökülmesi, maddenin kimyasal özelliğini değiştirir. İki değerlikli demirin sülfat bileşiği, X-ışınlarının etkisinde bırakılırsa üç değerlikli şekle dönüşür (53).

X-ışınlarının fizik özellikleri

Foton her türlü elektromanyetik radyasyonun en küçük birimine verilen isimdir. Boşlukta ışık hızı ile hareket eden bir enerji birimi oluşturduğunda ise kuantum adını alır. Elektromanyetik spektrumdaki diğer bölgelerden farklı olarak x-ışınları enerji düzeyleri ile değerlendirilirler ve elektron volt cinsinden ölçülürler. X-ışınlarının enerjileri 1 keV ile 50 MeV arasında değişmektedir. Bu enerji düzeylerine ait X-radyasyonunun dalga boyu 10^{-9} ile 10^{-12} m. arasında, bu fotonların frekansları ise 10^{18}-10^{21} Hz değerindedir (Şekil 2.9.).

Bir X-ışını fotonu birbirine dik açıyla girişen bir elektrik alanı ile manyetik alandan oluşur. Şekil 2.10'da gösterildiği gibi bir enerji paketi olan X-ışını fotonu ilerledikçe enerji yitirir. Fotonların enerjisi Planck sabiti olarak bilinen bir değer (4.15×10^{-15} eV^{-sn}) ve fotonun hızıyla orantılıdır. Burada belirtilen enerji kavramı eşitlik [2.4], [2,5] ve [2.6]'da verildiği gibidir.

$$E=hv \qquad [2.4]$$

$$v= c / \lambda \quad \text{olduğundan} \qquad [2.5]$$

$$E=hc / \lambda \qquad [2.6]$$

denkliği kurulur. Bu da foton enerjisinin dalga boyuyla ters orantılı olduğunu ortaya koymaktadır (55)

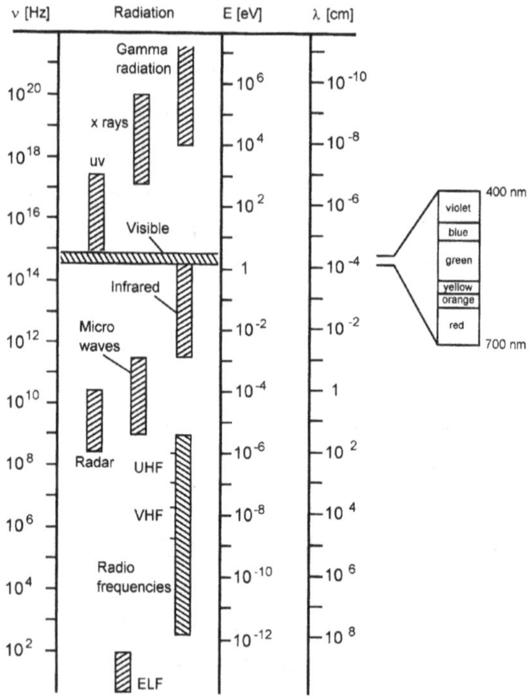

Şekil 2.9. Elektromanyetik spektrum [λ : Dalga Boyu nanometre (nm) ile; f: Frekans Hertz (Hz) ile; E: Enerji kiloelektronvolt (keV)] (56)

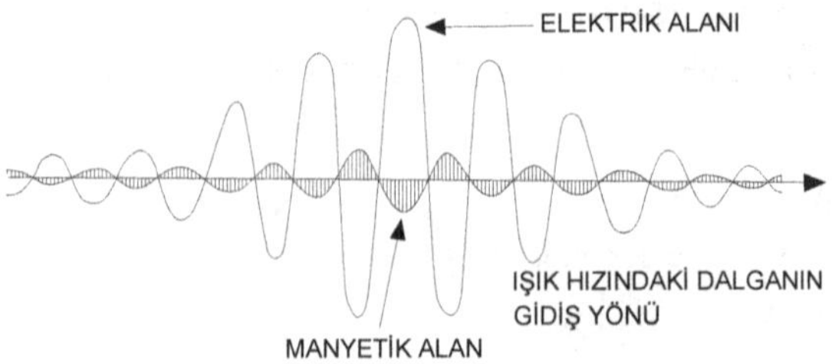

Şekil 2.10. Foton enerjisinin hareketi

X-Işınının Oluşumu ve Emisyonu

- *Atomik düzeyde X-ışını oluşumu*

X-ışınları bir enerji dönüşümü sonunda açığa çıkar. Elektrik enerjisinin oluşturduğu ısınma ile termal enerji oluşmakta, katottan fırlayan elektronlar bir kinetik enerji ile anoda ulaşarak ısı ve elektromanyetik enerjiye dönüşmektedir. Karakteristik X-ışınları K-yörüngesinde boşalan elektronun yerinin bir dış yörünge elektronu tarafından doldurulması sonucu ortama X-ışını salınır (55).

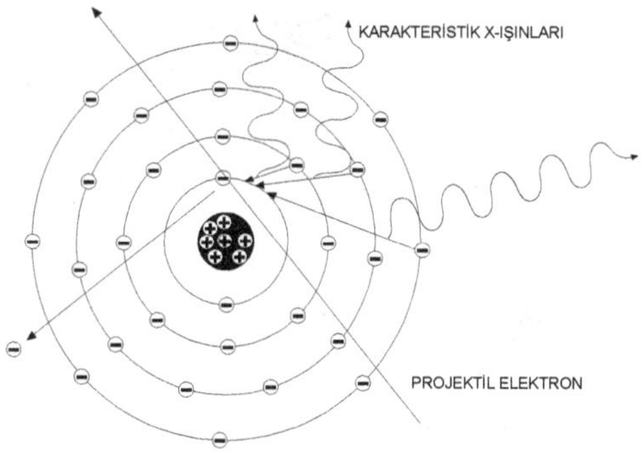

Şekil 2.11. Karakteristik X-ışınlarının oluşumu

- *Bremsstrahlung radyasyonu*

Katot'tan gelip hedef atomun elektronuna çarpan ve ısı ya da X-ışını şeklinde enerji dönüşümüne uğrayan katot elektronu hedef atomun çekirdeği ile de çarpışır ve kinetik enerjisinin bir bölümünü de bu yolla kaybeder. Bu etkileşimde projektil elektronun kinetik enerjisi elektromanyetik bir enerjiye dönüşür. Atomun çekirdeği pozitif, elektron ise negatif yüklü olduğundan bu etkileşim sırasında elektron yön değiştirir ve kinetik enerjisi azalmış olur. Bu kinetik enerji kaybı ise yerini bir X-ışını fotonuna bırakır. Bu tür X-ışını radyasyonuna Bremsstrahlung radyasyonu denir. Bu sözcük Almanca olup, yavaşlama ve frenleme anlamındadır. Projektil elektronunun atom çekirdeği tarafından durduruluşunu açıklar. Bu tür X-ışını, pratikte kullanılan ışının büyük bir bölümünü oluşturmaktadır (55).

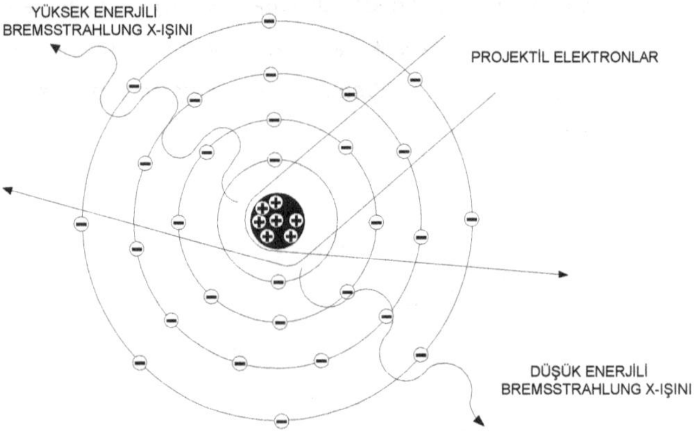

Şekil 2.12. Bremsstrahlung radyasyonun oluşumu

X-Işını Madde Etkileşimi

X-ışını maddeden geçerken madde atomları ile çok sayıda etkileşime uğrar. Bu etkileşimlerden ikisi tanısal radyolojide önemli olmasına karşın radyoaktiflikte diğer olayların etkisi de yüksektir. Tanısal radyolojide önem oluşturan etkileşimler, ışınların maddeden geçerken soğurulmasıyla oluşan fotoelektrik olay ile x-ışınının saçılmasıyla oluşan Compton olayıdır (54).

- *Saçılma olayı*

Saçılma olayı düşük enerjili X-ışınları ve atomlar arasındaki etkileşim sonucu ortaya çıkar. Bu etkileşimde X-ışınları enerjilerini kaybetmez iken yönlerinde sapmalar meydana gelir. Bu olay saçılma olayı olarak açıklanır. Saçılma olayında atoma çarpan x-ışınının dalga boyu, saçılan ışının dalga boyuna eşittir (55).

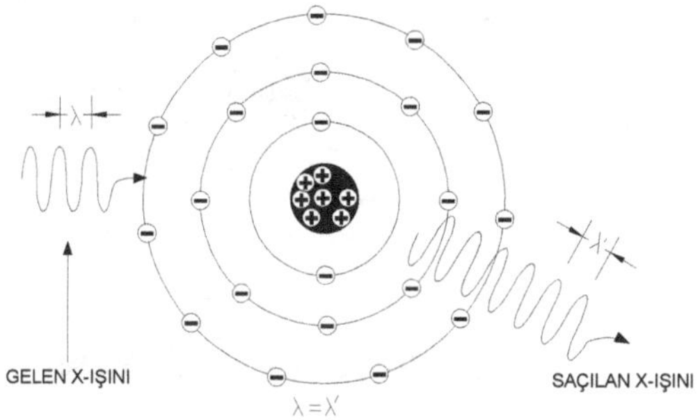

Şekil 2.13. Saçılma olayı

- *Fotoelektrik etki*

Fotoelektrik olayı X-ışınının karşılaştığı bir atomun en iç yörünge elektronunun iyonizasyonu sırasında tüm enerjisinin absorbe oluşu ile oluşur. Bu olay sırasında X-ışını fotonu tümüyle yok olurken, foto elektron adı verilen K-yörünge elektronu atomdan ayrılır (56). Fotoelektrik olay, radyo çizelge görüntü elde edilmesini sağlayan bir etkileşimdir. Diagnostik radyolojide fotoelektrik olaya bağlı maddeler arası absorbsiyon farklılıkları kaydedilerek görüntüleme yapılmaktadır. Işınların fotoelektrik olay sonucu absorbe olduğu maddelerin arkasına geçememesi sonucu (bu durum atom numarası yüksek olan iyotlu kontrast maddelerde, metallerde gözlenir) bu kesimler röntgen filminde beyaz, beyaza yakın gri tonlarda görünürken, ışınların geçtiği maddeler (gazlar) siyah ve siyaha yakın gri tonlarda görülür (54).

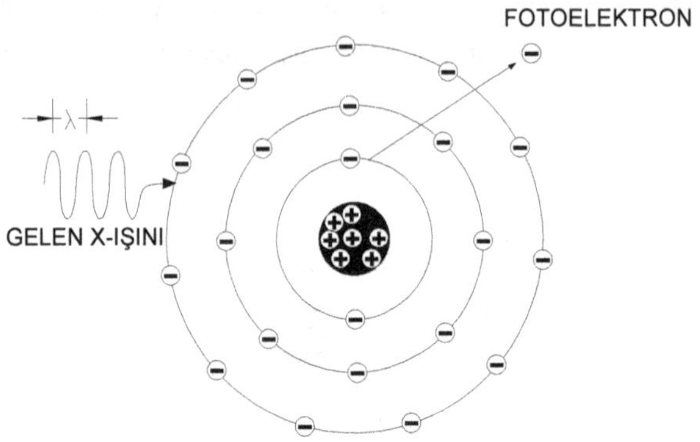

Şekil 2.14. Fotoelektrik etki

- *Çift oluşumu*

Çift oluşumu enerjisi 1,02 MeV den yüksek X-ışınları ile meydana gelir. Burada fotonlar atomun çekirdek alanı ile etkileşir ve yükleri birbirine zıt iki elektron yaratılmış olur (55).

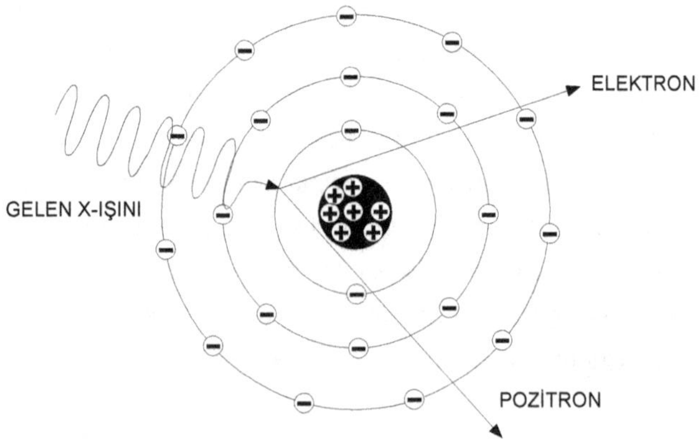

Şekil 2.15. Çift oluşumu

- *Compton etkisi*

Compton olayı orta dereceli enerjisi olan X-ışınları ile karşılaştıkları atomun dış yörünge elektronu arasında oluşur. Bu karşılaşma sonucu oluşan iyonizasyon, fotonun yönünü değiştirir ve enerjisini azaltır. Burada saçılan X-ışınının dalga boyu başlangıçtaki dalga boyuna göre artış gösterir (55). Compton olayında saçılma maddenin atom numarasına bağlıdır. Compton saçılması görüntü oluşumunda istenmeyen bir durumdur. Bu olayın etkilerini azaltmak için filtreleme işlemleri gerçekleştirilir (54).

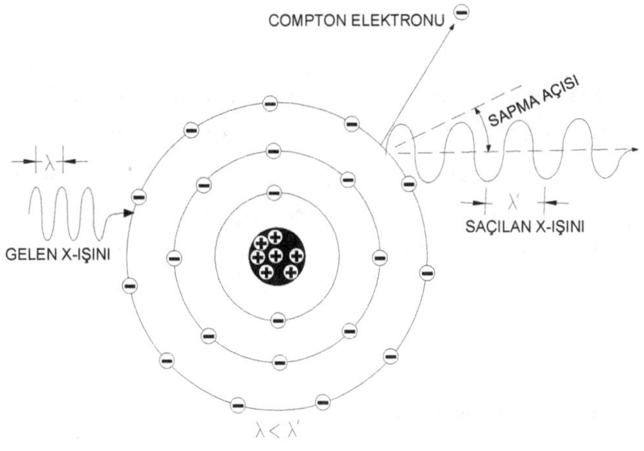

Şekil 2.15. Compton etkisi

- *Foto çözünme olayı*

Foto çözünme olayı yüksek enerjili protonlar ile çekirdeğin etkileşimiyle olur Atom çekirdeği tarafından absorblanan foton yerine ortama nükleer bir parçacık salınmaktadır (55).

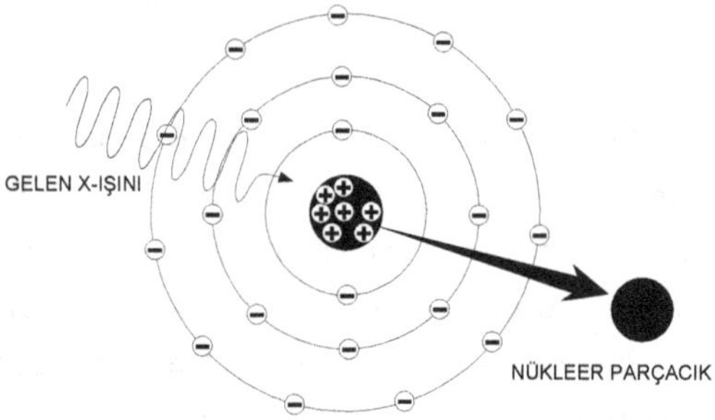

Şekil 2.17. Foto çözünme olayı

X-ışını absorbsiyonunu etkileyen faktörler

Bir maddenin değişik atom numarası ve yoğunlukta yapılardan oluşması, o maddeye ulaşan X-ışınlarının farklı düzeylerde absorbe edilmesine yol açar (bir başka değişle farklı düzeylerde fotoelektrik etkileşimi ortaya çıkar). X-ışınının fotoelektriksel etkileşime uğrama olasılığı atom numarasının dördüncü kuvvetiyle doğru orantılıdır (55).

$$A=Z^4 . \lambda^3 . V. D \qquad [2.7]$$

Burada; z=atom numarası,
λ=ışının dalga boyu,
V=hacim,
d=yoğunluktur.

X-ışını etki alanı ve uzaklık ilişkisi

X-ışını fotonları etkilerini uzaklığın karesiyle ters orantılı olarak kaybederler. Bunu formüle edersek; (55)

$$I_1 / I_2 = d_2^2 / d_1^2 \qquad [2.8]$$

I_1 = d_1 noktasındaki X-ışını yoğunluğu

I_2 = d_2 noktasındaki X-ışını yoğunluğu

d_1 = yakın nokta

d_2 = uzak nokta

X-ışınlarının kalitesi

X-ışınının etkin enerjisi arttıkça penetrasyon yetenekleri artar. Penetrasyon x-ışınının madde içinden geçebilme gücünü belirleyen bir kavramdır ve yüksek enerjili ışınlar daha penetrandırlar. X-ışınının penetrasyon gücü kalitesiyle yakından ilişkilidir. Yüksek kaliteli ışınlar penetrasyon gücü yüksek ışınlar olup bunlara sert (hard) ışınlar, düşük kalitede olup penetrasyonu düşük ışınlara yumuşak (soft) ışınlar denilmektedir (55).

X-ışınının Özellikleri

X-ışınlarının birçok karakteristik özellikleri mevcut olup bunlar aşağıda ana başlıklar altında verilmiştir:

1. X-ışını elektromanyetik bir titreşimdir.
2. X-ışınlarının dalga boyu 0,04-1000 A° arasında değişmekle birlikte tanısal alanda kullanılanları 0,5 A° dalga boyundadır. İnsan gözü 3800-7800 A° arasındaki dalga boyundaki ışığı seçebildiğinden X-ışınları gözle görülmezler.
3. X-ışını elektromanyetik bir dalga olduğundan boşluktaki hızı 3000000 km/sn ile ışık hızına eşittir.
4. Şiddeti mesafenin karesi ile ters orantılı olarak azalır.
5. X-ışını partikülsüz dalga ışıması olduğundan ağırlığı yoktur.
6. X-ışını elektriksel bir yüke sahip olmadığından manyetik alanda sapmaz.
7. Elde edildikleri enerji düzeyleri farklı olduğundan aynı demet içinde farklı dalga boyunda X-ışınları bulunabilmektedir. Bu nedenle X-ışını heterojen bir ışın demeti şeklinde ve polikromatik özelliktedir.

8. X-ışını, geçtiği ortamda iyonizasyona neden olur. Röntgen incelemelerinin yapıldığı bir odadaki dengeli gaz atomlarından oluşan hava, X-ışınının iyonlaştırıcı etkisi ile negatif ve pozitif yükü iyonlara dönüşmektedir. Bu gazlardan oksijen (O_2) radyasyon ile iyonize olarak ozon (O_3) gazına dönüşmektedir. Tahriş edici özelliğinden dolayı O_3 gazı mutlaka ortamdan uzaklaştırılmalıdır. Gazlarda ve havadaki iyonizan etkilerinden dolayı röntgenolojik incelemelerin sıkça yapıldığı odalarda özellikle de zemine yakın bölgelerde yeterli havalandırma temin edilmelidir. X-ışınının iyonizan etkisinden faydalanılmak sureti ile radyasyon miktarını ölçmede kullanılan dozimetreler geliştirilmiştir.

9. X-ışını fotoçizelge etkiye sahip olup görülebilen ışık gibi gümüş tuzlarının kararmasına yol açar. Bu etki tanısal radyolojinin temel kavramlarından birini teşkil eden röntgen filmlerinin çekimini sağlamaktadır. X-ışınının bu etkisi sayesinde röntgen filmlerinde latent imaj meydana gelmekte ve latent imaj, içinde değişik kimyasal maddelerin bulunduğu banyolarda, görülebilen imajlara dönüştürülmektedir.

10. X-ışınları, üzerlerine düştüğü bazı maddelerde ışınlama süresince parıldama meydana getirmektedir. Buna X-ışınlarının floresans özelliği adı verilmektedir.

11. X-ışını kimyasal etkiye sahiptir. X-ışınına maruz kalan maddenin kimyasal yapısında bazı değişiklikler oluşur. Yapısında değişiklik oluşan maddelerden en önemlisi, canlı vücudunun da büyük kısmında bulunan sudur. Suda iyonlaşma sonucunda serbest radikaller meydana gelir. X-ışınının kimyasal etkisi ile bazı madensel tuzlar renk değişikliği gösterir. Örneğin röntgen tüpünde, anodun karşısına rastlayan camdaki eser miktardaki manganez, uzun süre kullanım sonucu permanganata dönüşerek menekşe rengi alır.

12. Maddeden geçişi sırasında X-ışınının bir kısmı soğurulur, bir kısmı saçılıma uğrar. Saçılıma uğrayan kısmı sekonder radyasyon adı ile etkileşime devam eder (52).

2.4.3. BT aygıtlarının gelişimi

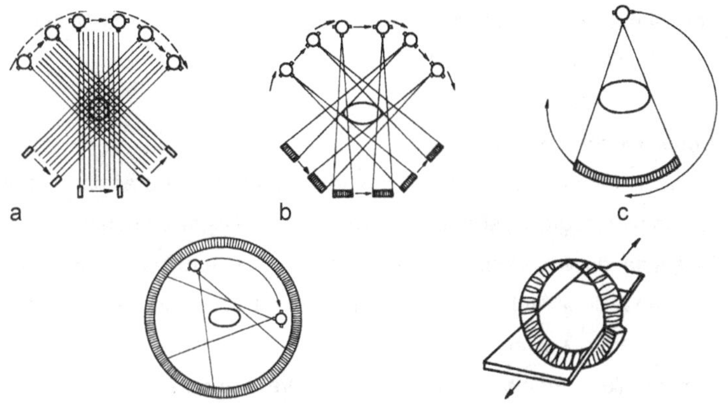

Şekil 2.18. BT'nin gelişimi.
a. tek detektörlü ve açılı tarama yapan I. jenerasyon,
b. detektör sayısının birden fazla olduğu açılı tarama yapan II.jenerasyon c. tüp ve gök sayıda detektörün birbirine bağlı olarak 360° döndüğü III. jenerasyon, d. detektörlerin sabit tüpün hareketli olduğu IV. jenerasyon e. çok sayıda işin kaynağının kullanıldığı deneme aşamasındaki V. Jenerasyon (53).

Birinci jenerasyon cihazlar:

Pencil-beam X-ışını ve karşılığında tek bir detektörün bulunduğu bu tür cihazlar translate-rotate prensibi ile çalışmaktadır. İncelenecek olan obje, lineer bir doğrultuda, bir uçtan diğerine tarandıktan sonra tüp 1°'lik bir açı ile dönüş hareketi yapmakta ve obje tekrar lineer olarak taranmaktadır (Bkz. Şekil 2.18.). Bu tarama ve dönüş hareketleri 180°'lik bir dönüşe kadar devam ettirilmektedir. İlk jenerasyon cihazlarda kesit alım süresi bu bakımdan oldukça uzundu (Bkz. Şekil 2.18a).

İkinci jenerasyon cihazlar

Bu cihazlarda tek detektör yerine lineer dizilmiş birden fazla detektör kullanılmış ve X-ışını huzmesi de pencil-beam yerine detektör genişliğine göre yelpaze biçiminde (fan-beam) genişletilmiştir. İkinci jenerasyon cihazlarda 1. jenerasyonda olduğu gibi translate-rotate tekniği söz konusudur. Ancak tüp hareketi 10°'lik açılarla 180°'ye tamamlanmaktadır (Bkz. Şekil 2.18b).

Üçüncü jenerasyon cihazlar

Bir ve 2. jenerasyon cihazların ardından, rotate-rotate prensibi ile çalışan III. jenerasyon aygıtlar geliştirilmiştir. Bu cihazlar X-ışını kaynağı ve bu kaynağın karşısına dizilmiş, konveks detektörlerden oluşturulmuştur. X-ışını demeti, karşısına denk gelen detektörlerin tümünü içine alacak şekilde yelpaze biçimindedir. X-ışını tüpü ve detektörler, incelenecek olan obje etrafında, birbirleri ile koordine hareket ederek, 1. ve 2. jenerasyon cihazlardan farklı olarak 360°'lik bir dönüş gerçekleştirirler (Bkz. Şekil 2.18c).

Dördüncü jenerasyon cihazlar

Rotate-stationary tekniği olarak da adlandırılan sistemde sadece X-ışını kaynağı hareketlidir. Tek bir X-ışını kaynağı incelenecek obje etrafında 360°'lik bir dönüş hareketi gerçekleştirirken detektörler oyuk yada "gantry" boyunca dizilmiş ve sabitlenmiştir (Bkz. Şekil 2.18d). Kesit alım süresi 1-2 saniye düzeylerine indirgenmiştir.

Beşinci jenerasyon cihazlar

Ultrafast BT olarak da tanımlanmaktadır. Dönüş hareketi yapan X-ışını tüpü ve "gantry", yerini yüksek güçlü 4 tungsten hedef anodlu elektron ışınına bırakmıştır. Cihazda hareketli unsurlar bulunmadığından ve X-ışını çok odaklı elektron demeti şeklinde uygulandığından kesit alım süresi saniyenin altına indirgenmiş yada aynı sürede bir kaç kesit elde etme imkanı yaratılmıştır. Beşinci jenerasyon cihazlarda düşük ve yüksek rezolüsyon olmak üzere iki ayrı çalışma durumu mevcut olup düşük rezolüsyon durumu kullanıldığında saniyenin yarısı kadar sürede masa hareketi sağlanmaksızın sekiz ardışık kesit alma olanağı mevcuttur. Buna karşın yüksek rezolüsyon durumu seçildiğinde tek bir kesit 0,1-0,4 sn gibi çok daha kısa sürede tamamlanabilmektedir. Beşinci jenerasyon cihazlarda kullanılan detektör sistemi, 4. jenerasyonda olduğu gibi gantry boşluğu içine çepeçevre yerleştirilmiş durumdadır. Günümüzde henüz yaygın kullanıma girmemiş 5. jenerasyon cihazlar halihazırda geliştirilme aşamasındadır (52, 54)

2.4.4. BT'nin temel prensipleri

X-ışınları monokromatik demet halindeyken ve homojen bir ortamdan geçerken, ortam ile etkileşime bağlı olarak azalım gösterir. Diagnostik enerji aralığında bu etkilenmeler, Compton saçılması ve fotoelektrik olay (absorbsiyon) sonucu ortaya çıkan primer moleküler iyonizasyonlardır. X-ışınlarının çok küçük kalınlıktaki ortamları katederken gösterdiği atenüasyon, X-ışınının başlangıçtaki seviyesi (X-ışını fotonlarının tüpten çıktığındaki sayısı) ve katedilen kalınlıkla orantılıdır. Bu eşitlik eş. [2.9]'da verildiği gibidir.

$$\Delta I = -\mu I \Delta s \qquad [2.9]$$

Burada; ΔI, X-ışınının ilgili madde veya yapıdan geçerken azalan yoğunluğunu, Δs ilgili maddenin yada yapının kalınlığını, μ ise orantısal ve aynı zamanda lineer atenüasyon katsayısını göstermektedir (52).

2.4.5. BT'de görüntü oluşumu

BT görüntüleri piksel adı verilen resim elemanlarının oluşturduğu bir matriksten ibarettir (Bkz. Şekil 2.19.). Matriks boyutu BT cihazlarının teknolojik gelişimine paralel olarak 256x256, 512x512 veya 1024x1024 olabilir. Pikseller seçilen kesit kalınlığına bağlı olarak voksel adı verilen bir hacme sahiptir ve voksel organizmayı geçen X-ışınının attenuasyonunu gösteren sayısal bir değer taşır. Bu değer "Hounsfield units (HU)" olarak adlandırılır ve tıp biliminde +1000 ila -1000 arasındaki değerleri kapsar (52).

Organizmayı geçen X-ışınlarının attenuasyon değerleri sayısal olarak saptanır. Her pikselin bir sayısal karşılığı vardır. Bu sayılar suyun attenuasyon değerini sıfır kabul eden bir ölçeğe göre düzenlenmiştir (Bkz. Çizelge 2.4.). Tıp biliminde +1000'den -1000 e kadar uzanan bu ölçeğe Hounsfield ölçeği, bu ölçekteki sayılara da Hounsfield Unit (HU) adı verilir. Bu sayıların oluşturduğu görüntü bir topoçizelge harita gibidir. Bu harita sayesinde resim tüpünde oluşan görüntüde istenilen alanın yoğunluğu ölçülebilir. Görüntünün sayısal değerleri bilgisayar aracılığı ile değişik şekillerde izlenebilir. Örneğin ilgilenilen alanın attenuasyon değerleri bir çizelge şeklinde çizdirilebilir buna profil denir. Bir kesitteki aynı attenuasyon değerlerini taşıyan piksellerden bir görüntü oluşturulabilir. Yoğunluk ölçümleri tanı için yararlı olabilir. Ancak sayıları mutlak olmadığı, aygıttan aygıta, hatta aynı aygıtta değişik zamanlarda farklılık gösterdiği bilinmektedir. Bu nedenle yoğunluk ölçümleri tanıda kullanılırken dikkatli olunmalı ve sağlıklı sonuç almak için aygıt sık sık fantomlarla (Bkz. Resim 2.4) kalibre edilmelidir. İki nokta arasındaki mesafenin ölçülmesi, ve seçilen bir alanın büyütülmesi bilgisayarın sağladığı diğer kolaylıklardır (55).

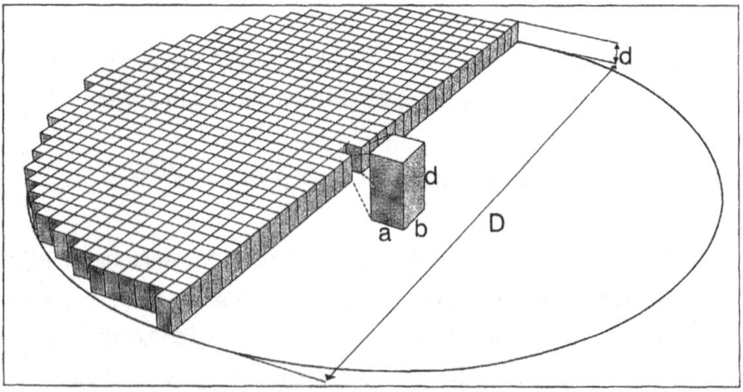

Şekil 2.19. Bir BT görüntüsünde görüntüleme alanı (D), en küçük resim elemanı olan kare şeklindeki (a-b) piksellerden oluşmaktadır. Her pikselin gösterdiği yoğunluk değeri, kesit kalınlığı (d) ile ilişkili bir hacimden toplanan yoğunlukların ortalamasıdır (52)

Çizelge 2.4. Farklı örnekler için üç kVp düzeyinde X-ışını soğurma sabitleri (cm^{-1}), BT numaraları ve Atom numaraları (57)

Örnekler	Atom Numarası	Yoğunluk (gr/cm3)	BT Numarası	Lineer Soğurma Sabitleri (cm^{-1})		
				60 keV	100 keV	140 keV
Kuru Hava (deniz seviyesinde)	Değişken	0,001205	-1000	2,26E-05	1,86E-05	1,67E-05
Su	10	1	0	0,2059	0,1707	0,1545
Yoğun Kemik (Ca)	20		1000	0,528	0,46	0,41
Demir	26	7,874		9,4882	2,9268	1,7865
Normal beton	Değişken	2,3		0,6118	0,3997	0,3415
Kurşun	82	11,35		56,9884	62,9812	30,8589

Resim 2.4. BT'nin Fantom ile kalibrasyonu

Bir piksel doku hacmiyle ilgili 2 yönlü bilgi verir.doku hacmi yapı olarak bilinir ve BT tarama kesitlerinin genişliğiyle ve piksel boyutunun sonucuyla hesaplanır. Örnek olarak 20 cm uzunlukta tarama ve yeniden oluşturma, 512x512 matrıx BT hucresi olarak, 512 / 20 =25,6 piksel/cm yada 0,4mm/piksel olarak tanımlanabilir. BT numarası şu eşitlikle hesaplanmaktadır (54):

$$BTNumarası = \frac{k(\mu_0 - \mu_w)}{\mu_w} \qquad [2.10]$$

μ_0 = Analiz sırasında piksellerin X-ışını soğurma katsayısı

μ_w = Suyun X-ışını soğurma katsayısı

k = BT numaralarının aralıkları için belirlenen ölçek, sabit

2.4.6. Görüntüleme Alanı (FOV=Field of View)

BT kesitini oluşturan görüntü alanının genişliğini gösteren bir parametredir. İncelenecek olan objenin boyutuna göre seçilir. FOV büyütüldükçe, sabit olan matriks içindeki piksellerin boyutları genişleyeceğinden görüntünün geometrik çözümlemesi (rezolüsyonu) azalacaktır (55). Görüntüleme alanı (FOV) BT'nin özelliklerine bağlı olarak 256x256, 512x512 ya da 1024x1024 piksel büyüklüğünde olabilir. Görüntüleme alanı şekil 2.19'da gösterildiği gibidir.

2.4.7. Pencere Seviyesi (Window Level)

Pencere genişliğinde seçilen yoğunluk aralığının orta noktasını ifade eden bir parametredir. Elde olunmuş görüntüler üzerinde yoğunluk, boyut, yoğunluk profili, reformasyon, toplama, çıkarma, histogram gibi ölçümler içinde en sık gerçekleştirilenleri yoğunluk ve boyutsal ölçümlerdir. Boyut ölçümlerinde iki nokta arasındaki mesafe tayin edilirken, yoğunluk (yoğunluk) ölçümünde, değişik genişlikteki kare-dikdörtgen yada yuvarlak-oval şekilli bir "curser" ile ilgili alan içindeki piksellerin yoğunluğu belirlenebilir. Cihaz bu son işlem sırasında, seçilen bölgedeki piksellerin, toplam HU değerlerini, piksel sayısına bölerek ortalama bir yoğunluk değeri saptamaktadır. Yoğunluğu ölçülecek alanın gerçeğe en yakın bir şekilde değerlendirilmesi açısından örnekleme alanının olabildiğince homojen ve gerektiğinden daha büyük olmamasına dikkat edilmelidir (52).

2.4.8. Artefaktlar (Görüntü Bozuklukları)

Rekonstrükte görüntüde, maddede karşılığı bulunmayan bir yapı veya BT numarası değişikliğine artefakt adı verilir. Artefakt daima görüntü kalitesini bozar.

Işın Demeti Sertleşmesi ("beam-hardening")

Rekonstrüksiyon işleminde monoenerjitik X-ışını kullanıldığı varsayılır ve dolayısıyla attenuasyonun, kalınlığın lineer bir fonksiyonu olduğu kabul edilir. Halbuki kullanılan X-ışını polienerjitiktir ve geniş bir enerji spektrumu içerir. Düşük enerjilerin öncelikli olarak absorbe edilmesi nedeniyle, dokuyu geçtikçe X-ışını demetinin ortalama enerji seviyesi artar, diğer bir deyişle ışın demeti sertleşir. Absorbsiyonun artmasıyla ışın demeti daha enerjitik olacağından attenuasyonu azalacaktır. Işın demeti sertleşmesi artefaktı "hardware" ve "software" ayarlamaları ile düzeltilebildiğinden pratikte nadiren görülür. Artefaktı gidermek için yapılan "hardware" işlemi X-ışınının alüminyum ve bakır filtreler aracılığı ile sertleştirerek kalitesini artırmak, dolayısıyla yumuşak ışınların absorbsiyonlarının hesaplamaya karışmasını engellemektir. "Software" düzeltmeleri ise fantomlar aracılığı ile incelenen dokunun derinliğine göre, X-ışını attenuasyonlarını ayarlayarak yapılır. Ancak bu düzeltmeler az çok homojen yapıdaki bir doku için geçerlidir. Sert yapıların neden olduğu ışın demeti sertleşmesi, birbiriyle tutarlı olmayan ölçümlere bağlı olarak kemiklerin arasında çizgilenmelere neden olur (52).

Parsiyel Volum Etkisi

Parsiyel volüm terimi yüksek attenuasyon yapan objelerin kesit düzlemi içerisine kısmen girmelerini anlatır. Voksel içinde kısmen bulunduğu için daha düşük BT numaraları ile rekonstrükte edilirler. Görüntüdeki pikselin attenuasyon değeri, gerçekte pikselin bağlı olduğu vokselin ortalama attenuasyon değeridir. Parsiyel volumün diğer önemli etkisi kesit düzlemi içerisindeki iki veya daha fazla farklı yoğunluktaki objenin çizgi artefaktına neden olmasıdır. Voksel içerisinde parsiyel volüm etkisi oluşturan obje tekse her yönden hemen hemen aynı değeri veren ölçüm yanlışlıklarına neden olur. İki veya daha fazla obje ise farklı yönlerdeki ölçümlerde farklı ölçüm sonuçları verir. Birbirleriyle tutarlı olmayan bu ölçümler çizgi artefaktı oluşturur. Bu tür artefaktlar ince kesitler seçilerek azaltılabilir (52).

Geometrik Artefaktlar (Aliasing)

Çizgi artefaktları aynı zamanda yetersiz sayıdaki detektöre veya örnekleme yetersizliğine bağlı olabilir. Kemikler veya diğer keskin kenarlı objeler ince çizgiler şeklinde artefaktlara neden olur. Üçüncü jenerasyon makinelerde ise detektör kalibrasyonlarının yetersiz oluşu "ring" artefaktı denilen iç içe geçmiş ince halkalardan oluşan dairesel artefaktlar yapar (52) (Bkz. Resim 2.5.).

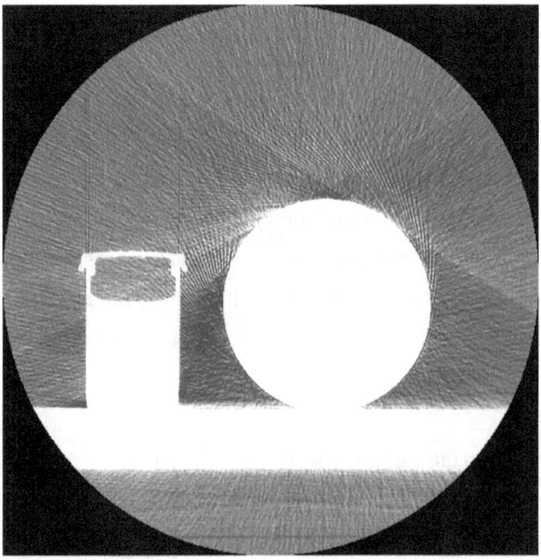

Resim 2.5. Geometrik Artifakt (Ring Artifaktı)

3. MATERYAL VE METOT

3.1. Materyal

Bu çalışmada; standart CEN kumu, PÇ 42.5 çimentosu, volkanik tüf ve su kullanılmıştır. Bu malzemelere ait bilgiler aşağıda verilmiştir.

3.1.1. CEN kumu

Harç numunelerinin hazırlanmasında, Tekirdağ Pınarbaşı yöresinin, Set Italcementi Trakya Çimento A.Ş. ürünü TS EN 196-1 standardına uygun CEN standart kumu kullanılmıştır (58).

3.1.2. Çimento

Çalışmada, SET Italcementi Ankara Çimento Fabrikası ürünü, PÇ 42.5 tipi çimento kullanılmıştır. Çimento, 50 kg.lık kağıt ambalaj içinde saklanmış deney gününe kadar laboratuarda bekletilmiştir. PÇ 42.5 çimentosu, TS EN 197-1'e uygun olarak üretilmiştir. Çimentonun fiziksel, kimyasal ve mekanik özellikleri, SET Ankara çimento fabrikasında belirlenmiş ve sonuçları Çizelge 3.1.'de verilmiştir. Çimentonun basınç dayanımı TS EN 196-1'e göre; kimyasal analizi TS EN 196-2'ye göre; priz süresi, standart kıvam ve genleşme tayini TS EN 196-3' göre; özgül ağırlığı ve özgül yüzey analizi TS EN 197-1/A1'e göre yapılmıştır (58-62).

3.1.3. Volkanik Tüf (VT)

Araştırmada kullanılan VT asidik karakterde bir pomza olup, Kayseri-Erciyes yöresinden temin edilmiştir. VT'ün bulunduğu yerin bölgesel haritası Şekil 3.1

ve 3.2'de verilmiştir. VT'ün kimyasal ve fiziksel özellikleri, Çizelge 3.1'de verilmiştir. VT'ün incelik tayini, Lazer Particle Sizer deney cihazında yapılmıştır. Analiz sonucu Şekil Ek-1.1'de gösterildiği gibidir.

Çizelge 3.1. Çimento ve VT'ün kimyasal analizi ile fiziksel ve mekanik özellikleri (62, 63)

Kimyasal analiz (%)	**PÇ 42.5**	**TS EN 197-1/A1 sınırları**	**VT**
Kalsiyum oksit (CaO)	62,39	-	4,61
Silisyum oksit (SiO_2)	19,49	-	56,06
Alüminyum oksit (Al_2O_3)	5,28	-	16,40
Demir oksit (Fe_2O_3)	3,21	-	4,75
Magnezyum oksit (MgO)	1,72	Max. % 5	4,42
Sodyum oksit (Na_2O)	0,98	-	5,85
Potasyum oksit (K_2O)	0,75	-	5,35
Kükürt trioksit (SO_3)	2,83	Max. % 3,5	0,27
Kızdırma kaybı	2,3	Max. % 4	2,00
Çözünmeyen kalıntı	1,00	Max. % 1,5	-
C_3A (Trikalsiyum Alüminat)	8,5646		-
C_3S (Trikalsiyum Silikat)	61,6490		-
LOIS	1,0700		-
Fiziksel Özellikler			
Özgül Ağırlık (g/cm^3)	3,12		2,55
Özgül Yüzey (Blaine cm^2/g)	3780	En az 2800	4190
İncelik			
40 µm üstü kalan (%)	1,44	-	32
90 µm üstü kalan (%)	0,05	-	-
200 µm üstü kalan (%)	-	-	-
Mekanik Özellikler (N/mm^2) (en az)			
Basınç Dayanımı 3 Gün	20		-
Basınç Dayanımı 7 Gün	31,5		-
Basınç Dayanımı 28 Gün	42,5		-

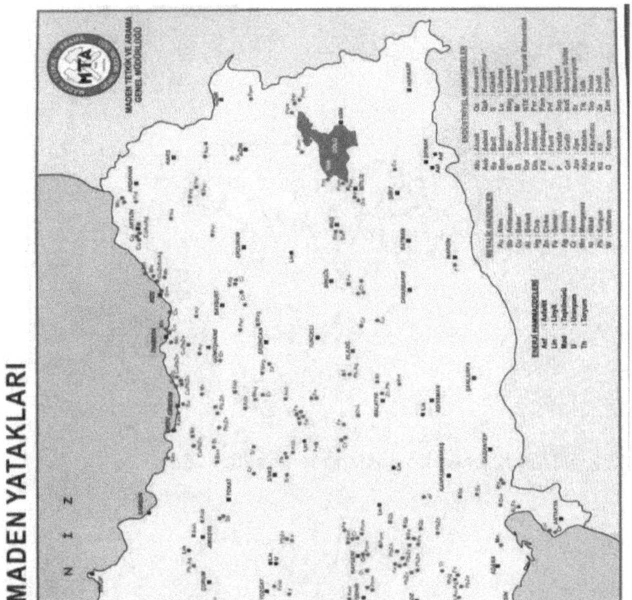

Harita 3.1 Türkiye maden haritası (64)

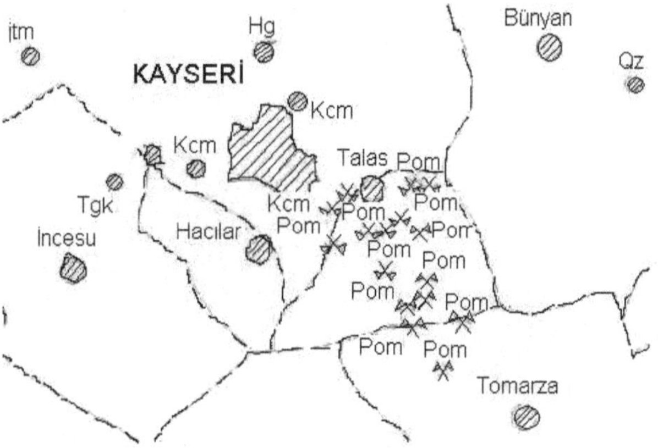

Harita 3.2. VT'ün Kayseri bölgesi maden haritası (65)

3.1.4. Su

Deneylerde, Adana Pozantı yöresinden çıkan doğal kaynak suyu, karışım ve kür suyu olarak kullanılmıştır. Kullanılan su TS EN 196-1'de belirtilen şartlara uygun olup kimyasal analiz sonuçları, Çizelge 3.2.'de verilmiştir.

Çizelge 3.2. Suyun kimyasal analiz sonuçları

Kimyasal Analiz	**(%)**
Kalsiyum (mg/lt Ca)	25,65
Magnezyum (mg/lt Mg)	7,05
Florür (mg/lt F)	0,03
Klorür (mg/lt Cl)	4,9
Aktif Klor (mg/lt Cl_2)	Yok
Renk (Pt/Co)	1 birim
pH	7,48
Amonyak (mg/lt NH_3)	Yok
Sülfat (mg/lt SO_4)	2,56
Nitrit (mg/lt NO_3)	1,236
Organik Madde (mg/lt O_2)	0,36
Toplam Sertlik (FrS)	9,3
Bulanıklık (SiO_2)	1,0

3.2. Metot

Harç numunelerinin hazırlanmasında çimentoda ikame (yerine koyma) metodu kullanılmıştır. Sahadan alınan VT, laboratuara getirildikten sonra çekiçleme metodu ile öğütülmüştür. Öğütülen VT, 200 no'lu (75µm) elekten elendikten sonra PÇ 42.5 çimentosuna ağırlıkça % 5, % 10 ve % 15 oranlarında katılmıştır. Karışımın homojenliğini sağlamak amacıyla, VT plastik bir kap içinde çimentoyla kuru olarak harmanlanarak yaklaşık 1 dk. süreyle karıştırılmıştır. Çimento numunelerinin standart kıvam tayini, priz süresi ve genleşme miktarının belirlenmesi TS EN 196-3'e göre; basınç dayanımı ile porozite analizleri TS EN 196-1'e göre; VT'ün özgül ağırlığının belirlenmesi TS 3526 (66)'ya göre, puzolanik aktivite analizi ASTM C 593-95 (67)'ye göre yapılmıştır. TS EN 196-1'e göre hazırlanan harç numuneleri GE Medikal Sistem HiSpeed CT/i model isimli 3. nesil bir BT cihazı vasıtasıyla görüntülendikten sonra basınç dayanımı deneyine tabi tutulmuştur. Numunelerin hazırlanışı ve deney aşamalarıyla ilgili ayrıntılı bilgi aşağıda verilmiştir (55, 57, 62, 63).

3.2.1. Deney numunelerinin hazırlanması

Çimentonun standart kıvam ve priz süresi tayini deneyleri için numune hazırlığı

Priz süresi ve kıvam tayini deneyleri için gerekli olan numuneler, TS EN 196-3 standardına göre aynı şekilde hazırlanmıştır (57). Buna göre Çizelge 3.3'deki malzeme miktarları ELE marka otomatik mikserin (Resim 3.1.) kovasına 10 sn. içinde (68) konulduktan sonra cihaz çalıştırılmıştır. Mikser 90 sn. düşük hızda çalıştırıldıktan sonra durdurulmuş ve 15 sn. süreyle dinlenmeye alınmıştır. Bu sırada mikser kovasının kenarlarına yapışan çimento hamuru bir spatula ile toplanmıştır. Toplanan çimento hamuru tekrar 90 sn. süreyle düşük hızda karıştırılmıştır. Böylece toplam 180 sn. karışan çimento hamuru, 21 °C sıcaklıktaki laboratuar ortamında, daha önceden hazırlanan cam levha üzerine konulmuş Vicat halkasına yerleştirilmiştir.

Kıvam tayini için su miktarlarında değiştirmeler yapılarak hazırlanan çimento hamuru vicat aletinde sonda testine tabi tutulmuştur. Kıvamları belirlenen çimento hamurları, priz süresi ve hacim genleşmesi deneylerinde kullanılmıştır. Priz süresi ve hacim genleşmesi deneyleri için aynı kıvamda her grup harç numune için 3 adet numune hazırlanmıştır.

Çizelge 3.3. Standart kıvam, priz süreleri ve hacim genleşmesi deneyleri için malzeme miktarları

Numune grubu	Çimento (g)	VT (g)	Su (ml)
PÇ 42.5	500	0	162
%5 VTİÇ	475	25	169
%10 VTİÇ	450	50	174
%15 VTİÇ	425	75	180

Resim 3.1. ELE marka otomatik malzeme karıştırıcısı

Porozite gelişimi ve basınç dayanımı tayini deneyleri için numune hazırlığı

Çimento harçları, TS EN 196-1'e göre hazırlanmıştır. Hazırlanacak harç numunelerinin malzeme karışım miktarları, Çizelge 3.4 te verilmiştir. Her bir grup harç numunesi için Çizelgede belirtilen çimento ve VT miktarları 1 gr. hassasiyetindeki tartı ile tartıldıktan sonra temiz bir kaba konulmuştur. Kaptaki malzeme homojen bir dağılımı sağlayabilmek için 1 dk. süreyle karıştırılmıştır. Çimento ve VT karışımı mikserin kovasında bulunan 225ml. su içine 10 sn. içinde döküldükten sonra otomatik karıştırıcı çalıştırılmıştır. 30 sn. düşük devirde çalışan karıştırıcıya 30 sn. sonunda kum eklenmeye başlanmıştır. Karıştırma sürerken 30 sn. içinde harca kum ilave edilmiştir. Kum ilavesinden hemen sonra 30 sn. süreyle yüksek hızda karıştırma işlemi sürdürülmüştür. Toplam 1,5 dk. sonra mikser 15 sn. süreyle dinlenmeye alınmış ve bu sırada mikser kovasının kenarlarına yapışan harçlar spatula ile temizlenmiştir. Harç bu süre içinde kovada harmanlanarak homojen bir karışım sağlanmaya çalışılmıştır. Bu işlem bittikten sonra (1 dk 45 sn. sonra) karıştırıcı 1 dk. süreyle yüksek hızda çalıştırılmıştır. Harç halindeki çimento harcı daha önceden sarsma cihazına yerleştirilmiş olan çelik kalıba %75'i dolacak şekilde yerleştirilmiştir. Kalıpta bulunan harç dakikada 60 düşey darbe hareketi yapan sarsma makinesinde 60 sn. süreyle sıkıştırılmıştır. Sıkışan ilk kademe harç üzerine mikserin kovasında bulunan harç konulmuş ve tekrar 60 sn. süreyle sıkıştırılmıştır. İki kademe halinde sıkışan harç numuneler sarsma cihazından alınarak 20±2 °C sıcaklıktaki laboratuar ortamında 24 saat süreyle dinlendirilmiştir. 24 saat sonunda kalıplar sökülerek, her numune grubundan 3 adet numune ayrı kaplarda su içinde kür yapılmıştır. Hazırlanan numuneler üzerinde 28 ve 100 günlük basınç dayanımları ile 100 gün sürecindeki porozite gelişimleri incelemeleri yapılmıştır. Her bir deney grubu için 1 adet 40x40x160 mm. boyutlarında numune aynı kalıp içinde hazırlanmıştır. Şekil 3.4'te her bir grup numunenin nasıl değerlendirildiği gösterilmiştir.

Porozite gelişimleri incelenecek numuneler su dolu plastik bir kap içerisinde G.Ü. Tıp Fakültesi Hastanesi Radyoloji A.B.D. bölümünde bulunan BT odasında ahşap bir dolapta bekletilmiştir (Bkz. Resim 3.2.). Diğer deneyler için saklanan numuneler G.Ü.T.E.F. Yapı Eğitimi Beton Laboratuarında su dolu plastik bir kap içinde bekletilmiştir. Tomografi odasının yaklaşık sıcaklığı 12~16 °C iken laboratuar sıcaklığı ~20 °C civarında bulunmaktadır.

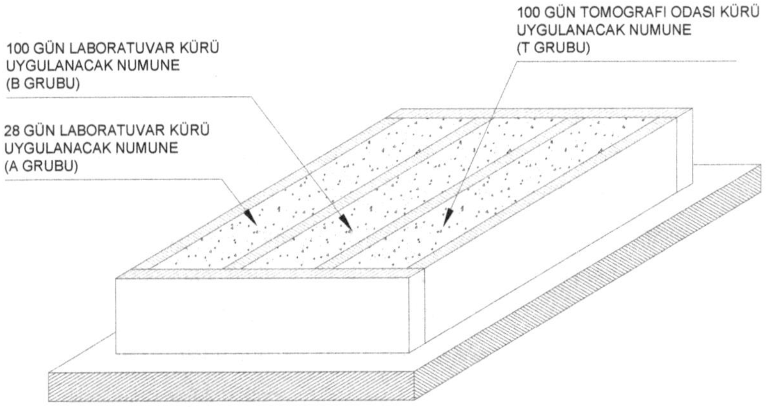

Şekil 3.1. Deneylerde kullanılacak numunelerin kalıplardaki konumu

Çizelge 3.4. Harç numunelerin malzeme karışım miktarları

Numune Grupları	Çimento Tipi	Çimento (g)	VT (g)	Standart Kum (g)	Su (ml)
A Grubu (28 gün Lab. Kürü)	Kalıp 1:A1, B1, T1 (PÇ 42.5 Kontrol)	450	0	1350±5	225
B Grubu (100 Gün Lab. Kürü)	Kalıp 2:A2, B2, T2 (% 5 VTİÇ)	422,5	22,5	1350±5	225
	Kalıp 3:A3, B3, T3 (% 10 VTİÇ)	405	45	1350±5	225
T Grubu (100 gün Tomografi Odası Kürü)	Kalıp 4:A4, B4, T4 (% 15 VTİÇ)	382,5	67,5	1350±5	225

Resim 3.2. Tomografi odasında bulunan harç numuneleri

3.2.2. Yapılan deneyler

Volkanik Tüf'ün puzolanik özelliğinin belirlenmesi

Araştırmada kullanılan VT'ün puzolanik özelliklerinin belirlenmesinde, ASTM C 593-95 standardı kullanılmıştır. Bu standarda göre, puzolanik özelliğin tayini için iki temel test vardır. Bu testler: puzolanın incelik tayini ve 28 günlük basınç dayanımı testidir (65).

ASTM C 593-95'e göre yapılan puzolanın incelik tayini ve 21 günlük basınç dayanımı Çizelge 3.5.'de verilmiştir. Basınç dayanımı, 180 g. sönmüş kireç, 360 g. volkanik tüf ve 1480 g. standart kum ile 60 sn. otomatik karıştırıcıda düşük devirde karıştırıldıktan sonra 270 ml. su karışıma ilave edilmiştir. Su ilavesi ardından 180 sn. süreyle düşük devirde tekrar karıştırma işlemi uygulanmıştır. Harç halindeki numune daha önceden sarsma cihazına yerleştirilmiş olan çelik kalıba %75'i dolacak şekilde yerleştirilmiştir. Kalıpta bulunan harç dakikada 60 düşey darbe hareketi yapan sarsma makinesinde 60 sn. süreyle sıkıştırılmıştır. Sıkışan ilk kademe harç üzerine mikserin kovasında bulunan harç konulmuş ve tekrar 60 sn. süreyle sıkıştırılmıştır. İki kademe halinde sıkışan harç numuneler sarsma cihazından alınarak 20±2 °C sıcaklıktaki laboratuar ortamında 24 saat süreyle dinlendirilmiştir. Daha sonra kalıptan çıkarılan harç numuneler, 28 gün süreyle kapalı ve su dolu bir kapta bekletildikten sonra basınç dayanımına tabi tutulmuştur. 28 günlük basınç dayanımı için 3'er adet numune hazırlanmıştır.

Çizelge 3.5. İncelik tayini ve basınç dayanımı sınır değerleri (65)

Islak elemede elek üstünde kalan miktar	No: 30 (600µm) en çok %	2,0
	No: 200 (75 µm)en çok %	30,0
Basınç dayanımı (54±2 °C)	7 gün Mpa	4,1
Basınç dayanımı (23±2 °C)	28 gün Mpa	4,1

Standart kıvam tayini, priz süresi ve hacim genleşmesi deneyi

Çimentoların priz süresi ve standart kıvam tayini deneyleri, TS EN 196-3'e göre yapılmıştır. 3.2.1'de belirtildiği gibi hazırlanan numuneler üzerinde Vicat sondası ile kıvam tayini yapılmıştır. Bunun için vicat sondasına 1 cm. çapındaki vicat iğnesi takılmıştır. Harç numune yerleştirilmeden önce Vicat halkası ve taban camı, ince yağ ile hafifçe yağlanmıştır. Harç Vicat halkasına yerleştirildikten sonra Vicat halkası sonda altına konulmuştur. Sonda numuneyle teğet olacak şekilde hamurun üstüne getirilmiştir. Çimento hamurunun hazırlanmaya başladığından itibaren 240 sn. yi geçmeyecek şekilde numune sonda altına yerleştirilmiştir ve sonra Vicat sondası serbest şekilde bırakılmıştır. Sonda ile numunenin tabanı arasındaki mesafe 30 sn. içinde 5~7 mm. mesafede olduğunda kıvam (su miktarı) belirlenmiştir.

Kıvamı belirlenen çimento hamurları üzerinde TS EN 196-3'e göre priz başlangıcı ve priz sonu deneyleri yapılmıştır. Buna göre kıvamı belirlenmiş hamurlardan her grup çimento hamuru numunesi için 3 adet numune hazırlanmıştır. Bu sırada Vicat sondasına Vicat iğnesi takılmıştır. Hazırlanan çimento hamuru numuneleri Vicat halkası içinde yüzeyi düzlenmiş şekilde Vicat sondasının altına konulmuştur. Numunelerin karışıma başladığı andan itibaren her 10 dk.'da bir Vicat iğnesi numunenin üzerine serbest düşmeyle (kendi ağırlığınca) hamurun içine batması sağlanmıştır. İğnenin hamur içine batma miktarı 4±1 mm. oluncaya dek her 10 dk.'da bir batırılmıştır. Bu mesafe sağlandığında priz başlama süresi olarak kayıt edilmiştir. Daha sonra numune Vicat halkası ile birlikte ters çevrilmiş ve 30 dk. arayla okumalar yapılmıştır. Bu sırada iğne her batırılma sırasında aynı yere gelmeyecek şekilde numune çevrilerek farklı noktalardan okumalar gerçekleştirilmiştir. Priz sonu süresi, iğne numunenin üstünde ilk 0,05 mm.'ye kadar batabildiği an olarak belirlenmiştir.

Hacim genleşmesi deneyi, TS EN 196-3'e göre yapılmıştır. Hacim genleşmesi deneyi için LeChatelier aleti kullanılmıştır. Her bir grup için 3'er kalıp olacak şekilde PÇ 42.5 ve ikameli çimento hamurları, LeChatelier aletine konulmuş ve 24 saat 20 ± 2 °C sıcaklıkta su içinde bekletildikten sonra kalıbın uçlarının açıklığı ölçülmüştür. Sonra alet su dolu kaynatma kabına konularak kaynayan suda 3 saat bekletilmiştir. Bu sürenin sonunda kalıbın uçları arasındaki açıklık tekrar ölçülmüş ve toplam genleşme [3.1] eşitliği ile tayin edilmiştir (67).

Toplam hacim genleşmesi = A – B [3.1]

A : 24 saat suda bekletilen çimento hamurunun sudan çıkarıldıktan sonraki ilk genleşme miktarı

B : 3 saat kaynatıldıktan sonra laboratuar sıcaklığına getirilen çimento hamurunun genleşme miktarı

Porozite analizleri yapılacak malzemelerin BT ile yoğunluklarının belirlenmesi

TS EN 196-3'e göre hazırlanmış olan çimento hamuru, 28 ve 100 gün yaşlarında BT ile görüntülenmiştir. Çimento harçlarının içindeki boşlukların tayinini kolaylaştırmak ve BT tekniğini çimentoya uygulayabilmek için çimento hamurunda 10 mm. çapında bir boşluk oluşturulmuştur. Bu boşluk kullanılan bilgisayar programının kalibrasyonu için kullanılmıştır. Aynı zamanda çimento hamuruyla birlikte, çimento harçları içindeki boşluklara bağlı olan suyun karakterini anlayabilmek için, VT ile 28 ve 100 günlük çimento hamurundan elde edilmiş tozlar, su içinde karıştırıldıktan sonra BT ile görüntülenmiştir. (Resim 3.3.) Özel bir yazılımla görüntülenen numunelerin BT numaraları, Hounsfield Unit (HU) cinsinden belirlenmiştir. Numunelerden toplam 24 kesit (görüntü) alınmıştır. 24 adet kesit üzerinde su ve VT bulunan bölgelerin HU değerleri bilgisayar programı yardımıyla belirlenmiştir. VT ve su dolu bölgenin boşluk olarak değerlendirilmesi için 12 farklı bölgeden toplam 1677 adet veri elde edilmiştir. Bu değerlerle istatistik analizler yapılarak güven aralığı belirlenmiştir.

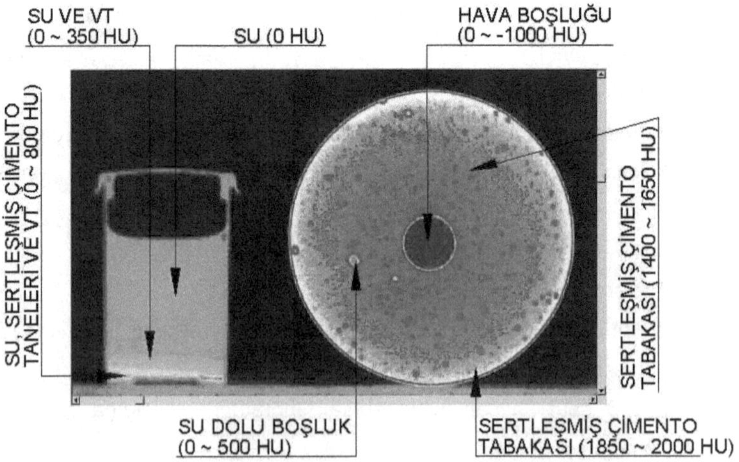

Resim 3.3. Kalibrasyon için kullanılan, renklendirilmiş BT görüntüsü

Çimento harçlarının BT ile porozite analizi

Bölüm 3.2.1.'de porozite gelişimi ve basınç dayanımı tayini deneyleri için numune hazırlığına göre elde edilmiş olan harç numunelerden iki farklı aşamada porozite analizi yapılmıştır. Bunlar :

1. Toplam porozite
2. Porozite gelişimidir.

Toplam porozite için 28 ve 100 gün laboratuar kürü yapılan numuneler ile 100 gün tomografi odasında kür yapılan numuneler, BT ile görüntülenmiştir. 28 günlük her grup numuneden 25'er adet , 100 günlük her grup numuneden ise 31 adet görüntü elde edilmiştir. Alınan kesitler, Resim 3.4'te görüldüğü gibi bilgisayar ortamına aktarılmış ve daha sonra özel bir yazılımla kesit analizleri yapılmıştır. Deneylerle ilgili bilgiler Çizelge 3.6.'da belirtilmiştir.

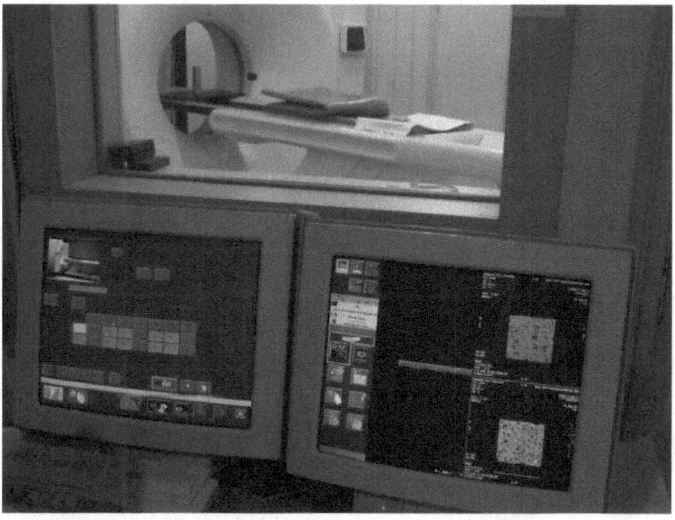

Resim 3.4. Tomografi kesitlerinin bilgisayar ortamına aktarılması

Çizelge 3.6. Numunelerin BT bilgileri

	28 Gün	**100 Gün**	**100 Gün Tomografi**
Görüntü Tipi	Eksenel		
Görüntülenme günü	09-09-2004	03-12-2004	
Görüntüleme zamanı	18.11	18.01	17.31
X-ışını Süresi	20 sn.	11 sn.	15 sn.
Tarama Tipi	Helikal		
Kesit Kalınlığı	1 mm		
KVP (X-Işını Enerjisi)	140 keV		
Kesitler Arası Mesafe	1,5 mm.	1,2 mm.	
X-ışını Etki Süresi	1000 ms.		
X-ışını tüp akımı	200 mA.		
Filtre Tipi	Large Bowtie Fil		
Focal Spot	1,2 s.		
Görüntü Alanı	512x512 piksel		
Piksel Aralıkları	0.351562		

Numunelerden porozite analizi için alınan BT görüntüleri Şekil 3.2'de gösterildiği gibidir.

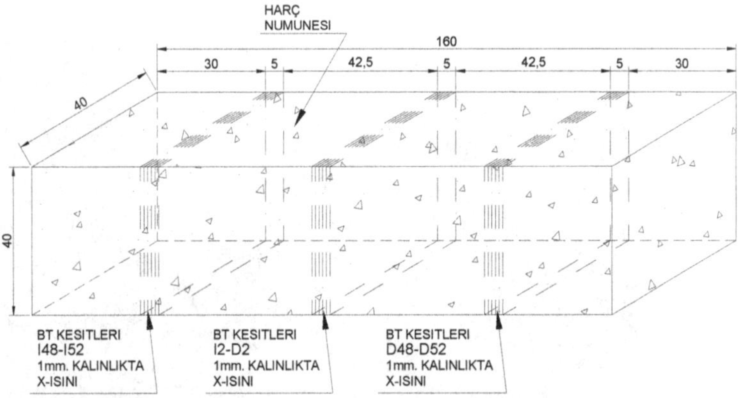

Şekil 3.2. Numunelerde porozite analizi için alınan BT kesit yerleri

Şekil 3.2'de gösterilen kesit yerleri; 160 mm. uzunlukta olan harcın tam ortasından (ekseninden), 2 mm. solundan ve 2 mm. sağından 1'er mm. kalınlıkta olmak üzere toplam 5 kesit, diğer 10 kesit ise numunenin sağ dış ve sol dışından 30 mm. mesafeden toplam 5'er kesit olarak belirlenmiştir. Burada I numunenin gantry'nin iç kısmında kalan kesit yerlerini, D ise numunenin gantry'nin dış kısmında kalan kesit yerlerini simgelemektedir. I48 numunenin ekseninden 48 mm. uzaklıktan ve gantry'nin içinde kalan kısımdan alınan kesit yerlerini, D48 ise numunenin ekseninden 48 mm. uzaklıktan ve gantry'nin dışında kalan kısımdan alınan kesit yerlerini göstermektedir. Numunelerde porozite gelişimi analizi yapılırken bazı genel kriterler dikkate alınmıştır. Öncelikle çimento ve çimento içindeki sıvı fazın yoğunluğu HU cinsinden bulunmuştur. Bu değerler doğrultusunda biligsayar yazılımında veriler girilerek BT kesitlerinde porozite tayini yapılmıştır. (Bkz. Şekil 3.3.).

Yazılımda görüntü üzerinden alınan ölçüler %100 doğruluktadır. Bu doğruluk her analiz öncesinde hassas bir şekilde kalibre edilerek netleştirilmiştir. Yalnız bazı numunelerde tomografi işlemi sırasında bazı negatif etkilerden dolayı (geniş FOV, düşük enerji gibi...) artefakt oluşmuştur. Bu sebeple bazı ölçümlerde ~% 2-4 seviyesinde hata meydana gelmiştir. Bu hatalar ortalama olduğu için hesaplamalarda düzeltme yapılmamıştır. Aynı zamanda porozite gelişimi incelemelerinde bazı kesitlerde x-ışınının aynı noktadan geçmemesi sebebiyle 2 kesitin toplam porozite alanlarının ortalaması alınmıştır.

Numunelerdeki hava boşluk yapısının belirlenmesi ve alanlarının bulunması için -1184 ile 0 HU arası, hava+sıvı içeriğinin (tüm boşluk) bulunması için -1184 ile 315 arasında veri girişi yapılmıştır.

Şekil 3.3'de gösterildiği gibi porozite gelişiminin incelenmesinde her deney grubu için BT'de 15 adet kesit alınmıştır. Bu kesitler, hidratasyon süresi içinde ilk 7 gün boyunca her gün, sonraki dönemlerde 14, 21, 28, 42, 70 ve 100. günlerde aynı bölgeden X-ışını geçecek şekilde ayarlanmış ve görüntüler alınmıştır. Bu sayede her numune grubu için toplam 195 görüntü değerlendirilmiştir. Bu görüntülerden numunedeki toplam boşluk miktarı, boşluk dağılımı, boşluk gelişimi, boşluk yapısı (geometrisi ve içeriği) ile ilgili bilgiler elde edilmiştir. Şekil 3.3'deki görüntü bilgisayar yazılımının ara yüz görüntüsüdür.

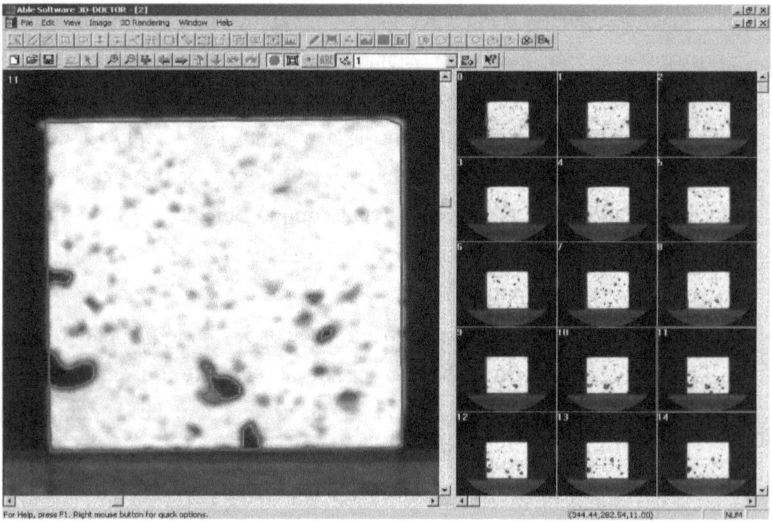

Şekil 3.3. Tomografi görüntülerinde boşluk yapısının ve alanının tayini (Mavi: Analiz alanı sınırı, Kırmızı: Hava+sıvı içeriği, Yeşil: Hava içeriği)

Basınç dayanımı tayini deneyi

Basınç dayanımı deneyi, TS EN 196-1'e uygun olarak tatbik edilmiştir. Bu deneyler için 2,4 N hassasiyetinde ELE markalı hidrolik bir pres kullanılmıştır. Deneylerde kullanılan numune sayısı 3 adettir. Burada 40x40x160 mm. boyutlarındaki numune, 40x40x40 boyutlarında kesilerek 3 eşit parça elde edilmiştir. Bu numuneler, hidrolik preste kırılmış ve [3.2] eşitliği kullanılarak basınç dayanımı tespit edilmiştir (Bkz. Resim 3.5.).

$Rc = Fc / b^2$ [3.2]

Rc : Basınç mukavemeti, N/mm^2

Fc : Kırılmadaki en büyük kuvvet, (Newton)

b : Basınç plakasının kenar uzunluğu, (40 mm)

Resim 3.5. ELE marka hidrolik presle basınç dayanımı deneyi

3.2.3. İstatistik metotlar

Çalışma, 3 farklı deney ve 4 farklı grup numune ile yapılmıştır. Bu deneylerden elde edilen sonuçların her bir grup için ortalamaları alınmıştır. Her deney türü için ayrı ayrı olmak üzere 4 grubun ortalamaları arasında fark olup olmadığı grafik analizi tekniği ile belirlenmiştir. Zaman ve ikame oranı değişkenine bağlı değişimler regresyon analizi kullanılarak belirlenmiştir. Ayrıca verilerin daha iyi değerlendirilmesi için çizgi grafikleri kullanılmıştır. Bunların yanı sıra çimento ve suyun BT numaralarını belirlemek için histogram analizi yapılmıştır. Histogram analizinde dağılım eğrisi oluşturulmuş ve güven aralıkları tespit edilmiştir.

4. DENEYSEL BULGULAR VE TARTIŞMA

4.1. VT'ün puzolanik özelliği

Araştırmada kullanılan Kayseri yöresine ait VT'ün puzolanik özelliği deney sonuçları 3 adet numunenin aritmetik ortalaması alınarak Çizelge 4.1.de verilmiştir.

Çizelge 4.1. VT'ün puzolanik özelliği deney sonuçları

Zaman	VT (Mpa)	ASTM C 593-95 Sınır değerleri
7 günlük basınç dayanımı (54±2 °C)	4,3	4,1
28 günlük basınç dayanımı (23±2 °C)	4,8	4,1

Deney sonuçları, araştırmada kullanılan VT'ün puzolanik özellik gösterdiğini ortaya çıkarmıştır. Çizelge 3.1.de verilen VT'ün fiziksel özellikleri dikkate alındığında; çimentonun özgül yüzey değeri 3780 iken VT'ün özgül yüzey değeri 4190 olarak bulunmuştur. Bu değerin yüksek oluşu, hazırlanacak çimento harçlarının su ihtiyaçlarının, çimento yerine geçecek VT oranının artışıyla doğru orantılı olarak artacağının bir göstergesidir. Özgül yüzey büyüdükçe su moleküllerinin tutulma potansiyeli artacaktır.

4.2. PÇ 42.5 ve VTİÇ numunelerinin standart kıvam deneyi sonuçları

PÇ 42.5 ve VTİÇ numunelerinden elde edilen standart kıvam değerleri, Çizelge 4.2'de verilmiştir. Standart kıvam – VT ikame oranı ilişkisi Şekil 4.1 ve Şekil 4.2'de gösterilmiştir. Görüldüğü gibi, çimentoda VT ikame oranı arttıkça standart kıvam değerleri de artmaktadır. Diğer bir ifade ile VT'ün ikame oranı arttıkça çimento hamurunun su ihtiyacı da artmıştır. Bunun nedeni olarak VT'ün özgül yüzeyinin kontrol çimentosu olan PÇ 42.5'dan daha fazla olması gösterilebilir. Ayrıca VT ikame oranı arttıkça su ihtiyacının artması, harç içindeki VT ikame oranı arttıkça işlenebilirliğin azalması anlamına gelmektedir.

Çizelge 4.2. Standart kıvam tayini, priz başlangıcı ve bitiş süreleri ile hacim genleşmesi değerleri

Çimento	Standart Kıvam (%)	Priz süresi Başlangıcı (dk)	Priz Süresi Sonu (dk)	Hacim Genleşmesi (mm)
PÇ 42.5	32,4	186	310	2,3
% 5 VTİÇ	33,8	190	345	2,3
% 10 VTİÇ	34,8	210	365	2,2
% 15 VTİÇ	35,8	230	387	2,0

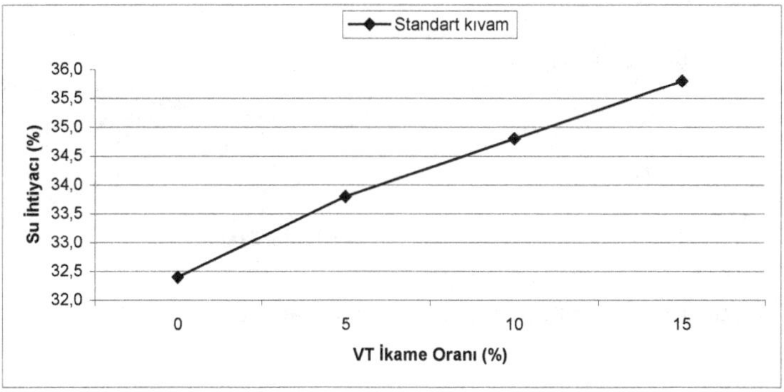

Şekil 4.1. Çimentoların standart kıvam – VT ikame oranı ilişkisi

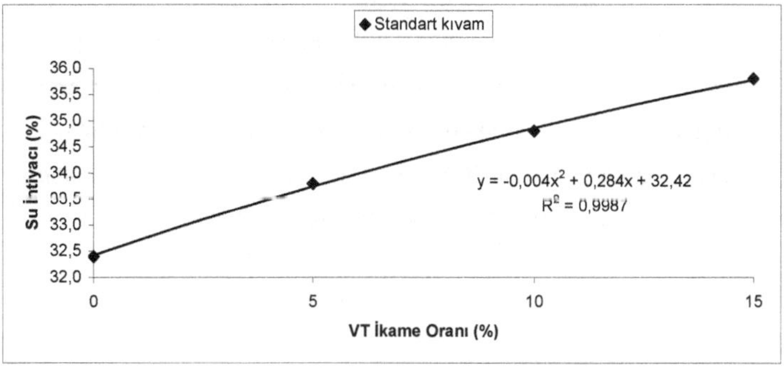

Şekil 4.2. Çimentoların kıvam – VT ikame oranı ilişkisi regresyon analizi

4.3. PÇ 42.5 ve VTİÇ numunelerinin priz başlangıcı ve priz sonu tayini deney sonuçları

Çimentoların priz süresi – VT ikame oranı ilişkileri Şekil 4.3 ve Şekil 4.4'te gösterilmiştir.

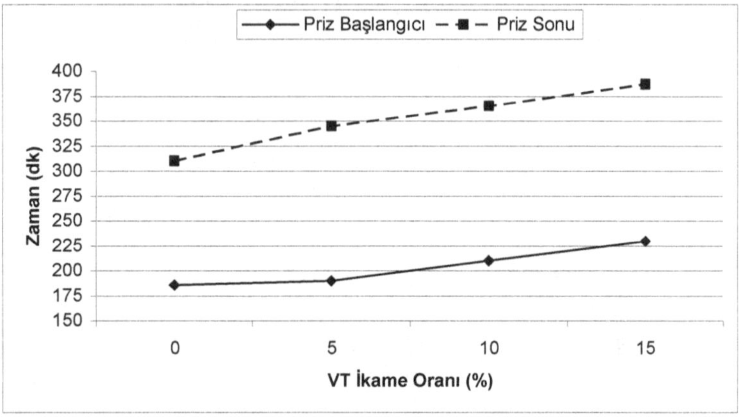

Şekil 4.3. Çimentoların priz başlangıcı ve priz bitişi süreleri

Şekilde de görüldüğü gibi, çimentoda VT'ün artışıyla priz başlangıcı ve priz sonu süreleri de artmıştır. Kontrol çimentosunda 186 dk. içinde başlayan priz, ikame oranlarına göre sırasıyla % 5 VT ikamesinde ~% 2 artarak 190 dk.'da, % 10 VT ikamesinde % 12,9'luk bir artışla 210 dk'da, % 15 VT ikamesinde ise % 23,66'lık bir artışla 230 dk'da olmuştur. Benzer şekilde ikame oranları arttıkça priz sonu süreleri de artış göstermiştir. Kontrol hamurunda 310 dk. olan priz sonu süresi, % 5 ikame oranı ile % 11,29, % 10 ikame oranı ile % 17,75, % 15 ikame oranı ile % 24,84 oranında artmıştır.

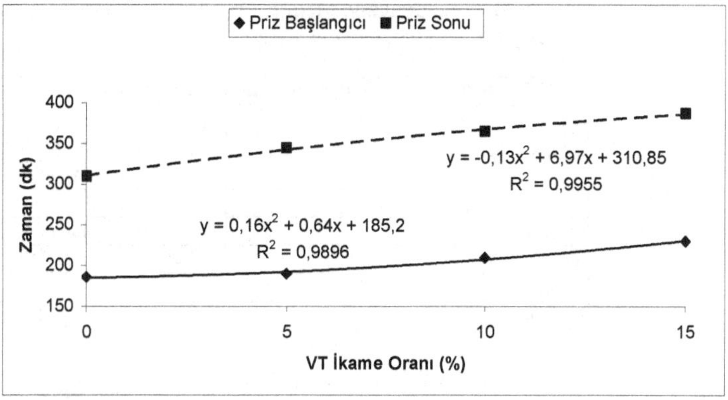

Şekil 4.4. Priz başlangıcı ve priz sonu sürelerinin regresyon analizi

4.4. PÇ 42.5 ve VTİÇ numunelerinin hacim genleşmesi deney sonuçları

Çizelge 4.2'deki hacim genleşmesi deney sonuçlarına bakıldığında, çimentoda VT ikame oranı arttıkça hacim genleşmesi değerlerinde pek değişiklik olmamıştır. Yani VT'ün hacim genleşmesi sonuçlarına olumsuz bir etkisi yoktur.

4.5. Çimento harcı içindeki suyun BT sistemindeki yoğunluk değerleri (HU Cinsinden)

Bölüm 3.2.2'de bahsedildiği gibi yapılan deneylerden elde edilen sonuçlar, Çizelge 4.3'te verilmiştir. Deney sonuçları kullanılarak çimentodaki sıvı fazın BT numarası analizi eğrisi Şekil 4.5'te gösterilmiştir.

Çizelge 4.3. Çimento içindeki sıvı fazın BT numarası istatistiksel tanımlayıcı bilgileri

1677 gözenek değeri için yapılan tanımlayıcı istatistik bilgileri		
Ortalama		306,8736
Ortalama için %95 Güven Aralığı	Alt Sınır	298,2526
	Üst Sınır	315,4946
%5 Düzeltilmiş Ortalama		301,4987
Varyans		9308,743
Std. Sapma		96,4818
En Az		84,00
En Çok		728,00

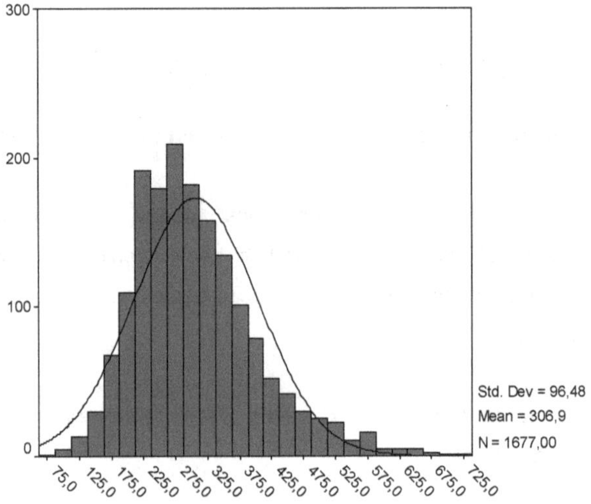

Şekil 4.5. Çimento İçindeki Sıvı Fazın BT Numarası Analizi

Çizelgede verilen istatistik veriler neticesinde, çimento harcı içindeki boşlukların BT numaraları istatistik analizde güven aralığına göre belirlenmiştir. Bu güven aralığında alt değer 298, üst değer 315 olarak bulunmuştur. Bu değerler frekans dağılımı analizi yapılarak tespit edilmiştir. Şekil 4.5.deki histogram eğrisi, frekans dağılımının pozitif eğrilik (sağa çarpıklık) göstergesidir. Çizelge sürekli değişkenlerin küçük değerlerinde çok fazla, büyük değerlerinde ise gittikçe azalan yoğunlukta gözlemlerin yapıldığını göstermektedir. Buradan bulunan sonuçlar doğrultusunda çimento harçlarında bulunan porozite incelenmiştir.

4.6. Harçlarda porozite gelişiminin BT ile analizi

Numunelerdeki gözenekler içinde ilk günlerde hem hava hem de sıvı faz gözlenmiştir. Gözlemlenen fazlar zamanla değişme göstermiştir. Bundan dolayı hava boşlukları ve sıvı dolu boşluklar için ayrı ayrı değerlendirme yapılmıştır. Bölüm 4.5'te belirtildiği gibi boşluk yapıları belirlenen numunelerin çizelgeleri ve istatistiksel verileri aşağıda belirtilmiştir. Numunelerdeki porozite gelişimleri tomografi görüntüleri Ek-2'de gösterilmiştir.

Çizelge 4.4. PÇ 42.5 çimento harcının porozitesinin 100 günlük gelişimi

	Gün 1	**Gün 2**	**Gün 3**	**Gün 4**	**Gün 5**	**Gün 6**	**Gün 7**	**Gün 14**	**Gün 21**	**Gün 28**	**Gün 42**	**Gün 70**	**Gün 100**
I2-D2 (Hava)	5,04	4,92	4,84	4,74	4,66	4,62	4,63	4,38	4,01	4,01	3,77	3,06	2,43
I48-I52 (Hava)	2,90	2,41	2,15	2,00	2,32	2,50	2,41	1,34	1,98	1,98	1,37	1,06	0,66
D48-D52 (Hava)	6,63	6,60	6,56	6,50	6,63	6,13	6,19	6,49	6,36	6,36	6,42	5,98	4,99
I2-D2 (Hava+Su)	12,41	10,89	14,75	13,91	15,17	14,54	14,49	14,80	12,77	12,97	11,88	10,98	10,13
I48-I52 (Hava+Su)	6,15	5,66	8,79	10,95	5,75	5,64	5,28	7,68	5,12	5,95	5,08	5,48	3,94
D48-D52 (Hava+Su)	9,18	9,65	15,86	6,29	11,00	9,54	9,97	5,29	5,48	11,26	9,02	3,42	2,80

Çizelge 4.4 incelendiğinde, çimento harcının ilk 7 günlük porozite gelişimlerinin çok önemli olmadığı görülmektedir. Burada alınan değerler, BT taramasından önce numunenin yerleştirilmesi sırasında, numunelerdeki eksen kaymaları sebebiyle kesit noktaları değişken olduğundan gelişim çok net gözlenememiştir. Bu durum Şekil 4.6'da net olarak görülmektedir.

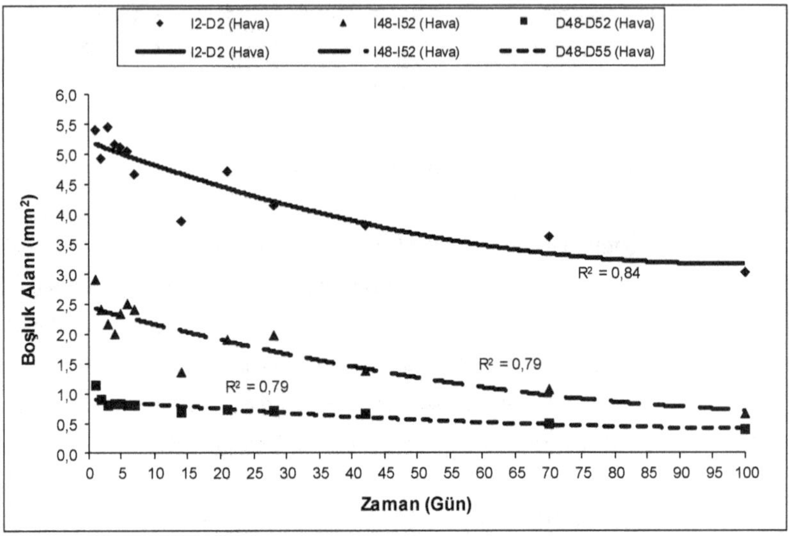

Şekil 4.6. PÇ 42.5 çimento harcının boşluk gelişimi (Hava içeriği)

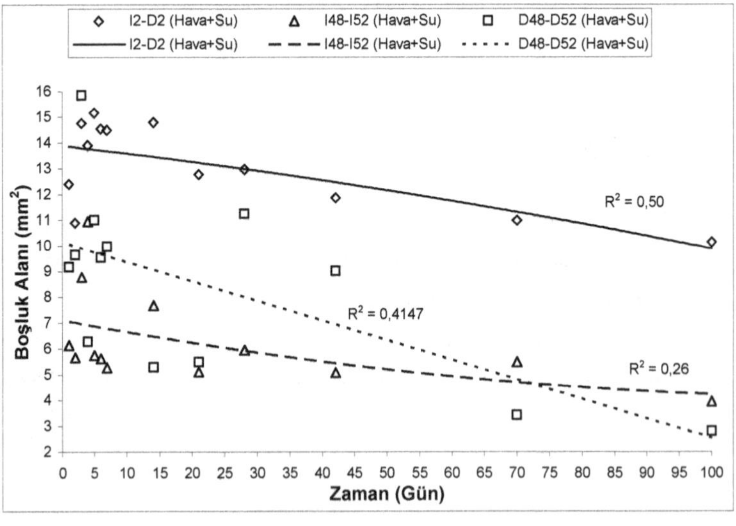

Şekil 4.7. PÇ 42.5 çimento harcının boşluk gelişimi (Hava+su içeriği)

Şekil 4.6 ve 4.7'de görüldüğü gibi, PÇ 42.5 çimento harcının boşluk gelişimi analizinin regresyon modellemesinde, hava içeriği kullanılarak yapılan analizlerin R^2 yani anlamlılık değerleri yüksek sonuç vermiştir. Regresyon analizi sonuçları Çizelge 4.5'de verilmiştir.

Çizelge 4.5. PÇ 42.5 çimento harç numunesinin regresyon analizi

	Denklem	R^2
I2-D2 Hava	$y = -0,0143x^2 + 0,0225x + 5,288$	0,88
I2-D2 Hava+Sıvı	$y= -0,1041x^2 + 1,2824x + 10,642$	0,78
I48-I52 Hava	$y = -0,0112x^2 + 0,0168x + 2,510$	0,76
I48-I52 Hava+Sıvı	$y = -0,034x^2 + 0,2385x + 6,739$	0,30
D48-D52 Hava	$y = -0,0009x^2 - 0,0296x + 1,014$	0,83
D48-D52 Hava+Sıvı	$y = -0,0639x^2 + 0,3603x + 9,869$	0,39

Çizelge 4.4 ile 4.5'te ve regresyon analizlerinde kontrol harcının boşluk yapısı 100 günlük süreç içinde küçülme eğiliminde olduğu görülmektedir. Bu eğilim farklı kesitlerde farklı oranlarda olmaktadır. Numunelerdeki 100 günlük porozite gelişimi incelendiğinde, hava içerikli boşluklar ortalama % 59 oranında azalma gösterirken, sıvı içerikli boşluklar ortalama % 52 oranında küçülme göstermektedir. Buradaki değerler, hava ve sıvı içeren gözeneklerin 100 günlük gelişimlerinde aralarında önemsiz bir fark olduğunu göstermektedir. Şekillerden de görüldüğü gibi porozite gelişimi numunenin her yerinde homojen olmamaktadır. Numunenin BT ile görüntü alınan yerlerinin, çimento yada puzolan bakımından zenginliği o bölgedeki porozite gelişimini belirlemektedir. Bundan dolayı porozite gelişimlerini belirgin bir düzende değildir. Bu durum Şekil 4.6 ve 4.7'de net olarak görülmektedir.

%5 VTİÇ numunesinin 100 günlük porozite gelişimi sonuçları Çizelge 4.6. ile 4.7. ve Şekil 4.8 ile 4.9'da gösterildiği gibidir.

Çizelge 4.6. %5 VTİÇ numunesinin porozitesinin 100 günlük gelişimi

	Gün 1	Gün 2	Gün 3	Gün 4	Gün 5	Gün 6	Gün 7	Gün 14	Gün 21	Gün 28	Gün 42	Gün 70	Gün 100
I2-D2 (Hava)	3,60	3,78	4,09	3,67	3,53	3,55	3,43	3,16	3,05	2,81	2,57	2,14	1,14
I48-I52 (Hava)	1,24	1,07	1,04	0,87	0,93	0,88	0,83	0,70	0,61	0,65	0,47	0,35	0,16
D48-D52 (Hava)	2,94	2,81	2,82	2,63	2,68	2,56	2,46	2,51	2,43	2,39	2,22	2,19	1,90
I2-D2 (Hava+Su)	21,67	21,03	19,71	18,80	18,26	18,26	18,03	16,41	16,09	16,00	14,99	12,09	10,45
I48-I52 (Hava+Su)	7,33	7,21	6,63	6,12	6,47	5,68	5,36	5,27	4,82	4,64	4,45	3,68	2,80
D48-D52 (Hava+Su)	9,18	9,65	9,59	9,59	9,55	9,26	9,20	8,74	8,50	7,99	7,26	7,10	6,88

Çizelge 4.6. incelendiğinde numunedeki porozite gelişimlerinin homojen olmadığı gözlemlenmektedir. % 5 VTİÇ numunelerinde, üç ayrı bölgeden alınan görüntülerin analizi sonucunda, 100 günlük porozite gelişiminde hava içerikli boşluklar ortalama % 63 oranında, sıvı içerikli boşluklar ortalama % 47 oranında küçülme göstermiştir. Regresyon istatistiklerine göre, R^2 değerlerinin yüksek olması sebebiyle, %5 VTİÇ numunelerinde boşlukların 100 günlük gelişimi düzenli bir şekilde ilerlemektedir. Çizelge 4.7.de bu gelişimin denklemsel verileri ile istatistiki bilgileri belirtilmiştir.

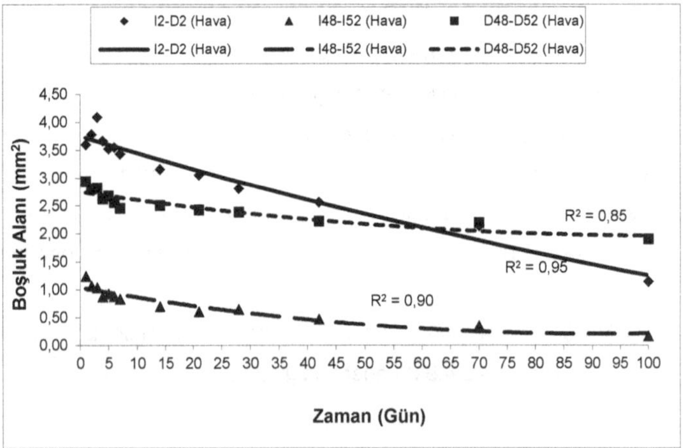

Şekil 4.8. % 5 VTİÇ'nin boşluk yapısı gelişimi (Hava içeriği)

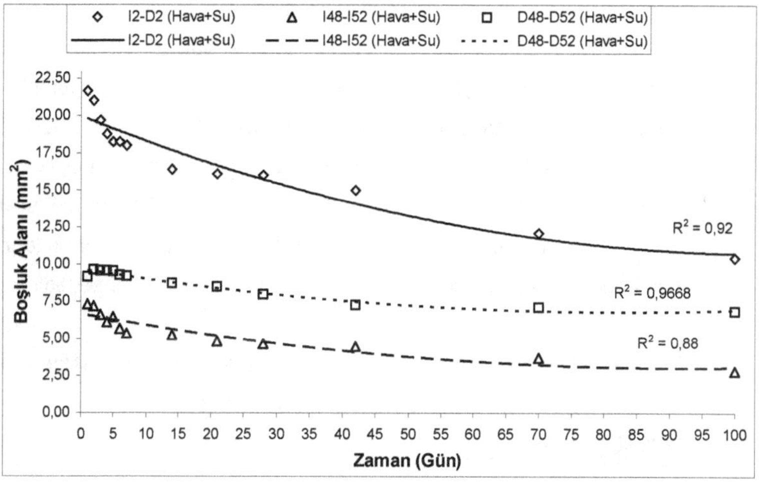

Şekil 4.9. %5 VTİÇ'nin boşluk yapısı gelişimi (Hava+Sıvı içeriği)

Çizelge 4.7. % 5 VTİÇ'nin porozite gelişim regresyon analizi

	Denklem	R^2
I2-D2 Hava	$y = 0{,}00006x^2 - 0{,}031x + 3{,}7536$	0,95
I2-D2 Hava+Sıvı	$y = 0{,}0008x^2 - 0{,}1759x + 19{,}992$	0,92
I48-I52 Hava	$y = 0{,}0001x^2 - 0{,}0184x + 1{,}0391$	0,90
I48-I52 Hava+Sıvı	$y = 0{,}0004x^2 - 0{,}0797x + 6{,}6687$	0,87
D48-D52 Hava	$y = 0{,}00007x^2 - 0{,}0154x + 2{,}755$	0,85
D48-D52 Hava+Sıvı	$y = 0{,}0004x^2 - 0{,}0701x + 9{,}6883$	0,97

Şekil 4.8. ile 4.9. dikkate alındığında, %5 VTİÇ numunesindeki toplam porozitenin 100 günlük gelişimi parabolik bir fonksiyon oluşturmuş ve böylece zamanla azalma eğilimi göstermiştir. Regresyon grafikleri ve R^2 değerleri, porozitenin % 90 seviyelerinde anlamlı bir gelişme gösterdiği ve bu gelişmenin % 90 seviyesinde olduğunu vurgulamaktadır. Grafiklerde dikkati çeken bir diğer husus, harç numunesinin farklı bölgelerinden alınan kesitlerin ve yapılan analizler neticesinde bu kesitlerdeki porozite gelişimlerinin, oldukça farklı bir sistemde hareket ettiğini göstermiştir. Bunun nedeni olarak,

numunedeki bağlayıcı miktarları yayılma oranlarının homojen olmadığı, porozitenin yoğun olduğu bölgelerde farklı bağlayıcı oranlarının bulunması gösterilebilir. Çizelge 4.6'dan da görüleceği gibi, 100 günlük porozite gelişimleri I2-D2 (hava) için % 68, I48-I52 (hava) için % 87, D48-D52 (hava) için % 35 olarak bulunmuştur. Bu bölgelerdeki sıvı içerikli boşluklar için ise, I2-D2 için % 51, I48-I52 için % 61 ve D48-D52 için % 25 seviyesinde küçülmeler bulunmaktadır. Burada belirtilen porozite gelişimlerinin harç numunelerinin farklı bölgelerinde farklı gelişeceğini göstermektedir.

% 10 VTİÇ'nin porozite gelişim çizelgesi Çizelge 4.8'de, grafikleri Şekil 4.10 ve 4.11'de, porozite gelişim regresyon istatistiki bilgileri Çizelge 4.9'de verildiği gibidir.

Çizelge 4.8. % 10 VTİÇ numunesi porozitesinin 100 günlük gelişimi

	Gün 1	**Gün 2**	**Gün 3**	**Gün 4**	**Gün 5**	**Gün 6**	**Gün 7**	**Gün 14**	**Gün 21**	**Gün 28**	**Gün 42**	**Gün 70**	**Gün 100**
I2-D2 (hava)	6,54	6,50	6,45	6,45	6,76	5,66	4,10	4,74	4,52	3,60	2,96	2,75	1,89
I48-I52 (hava)	9,49	8,78	9,48	8,23	8,83	9,15	8,98	8,88	8,53	8,35	7,89	7,73	7,20
D48-D52 (hava)	4,50	4,25	4,57	4,10	3,23	3,37	3,09	3,45	3,04	2,09	1,63	1,30	0,97
I2-D2 (hava+sıvı)	25,72	25,93	23,89	24,16	24,90	22,88	21,95	19,21	18,00	16,54	15,49	13,46	10,93
I48-I52 (hava+sıvı)	21,88	21,92	19,02	19,79	20,61	21,24	20,78	20,11	19,92	18,87	19,33	18,35	15,68
D48-D52 (hava+sıvı)	13,90	11,96	12,50	11,06	11,14	10,95	10,19	10,34	9,58	9,50	7,51	7,62	5,92

Çizelge 4.8 incelendiğinde, %10 VTİÇ numunesinde 100 günlük porozite gelişimi, PÇ 42.5 çimento harcı ve % 5 VTİÇ numunesindeki porozite gelişimleri gibi benzer bir gelişim gözlenmiştir. Hava içerikli gözenekler, I48-I52 kesitlerinde % 24, I2-D2 kesitlerinde % 71 ve D48-D52 kesitlerinde % 78 seviyesinde küçülme göstermişlerdir. Ortalama olarak hava içerikli gözeneklerin 100 günlük gelişimi % 58 derececinde olmuştur. Sıvı içerikli gözeneklere ise, I48-I52 kesitlerinde % 28, I2-D2 kesitlerinde % 57 ve D48-D52 kesitlerinde % 57 seviyesinde küçülme göstermişlerdir. Ortalama olarak sıvı içerikli gözeneklerin 100 günlük gelişimi % 47 derececinde olmuştur.

Böylece, hava içerikli boşlukların sıvı içerikli olanlara göre daha hızlı geliştiği ya da diğer bir ifadeyle küçüldüğü görülmüştür. Bu gelişim Şekil 4.10 ve Şekil 4.11'de daha ayrıntılı ve net olarak görülmektedir.

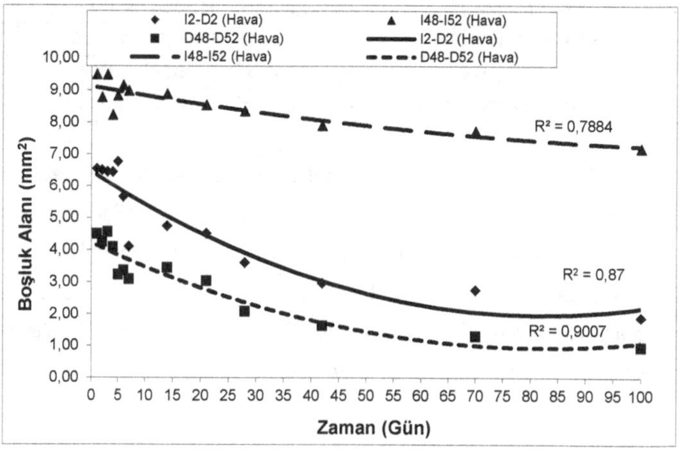

Şekil 4.10. %10 VTİÇ'nin boşluk yapısı gelişimi (hava içeriği)

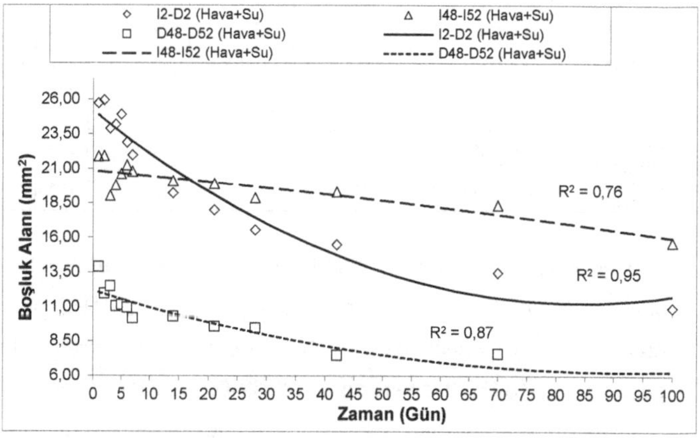

Şekil 4.11. %10 VTİÇ'nin boşluk yapısı gelişimi (Hava+Sıvı içeriği)

Çizelge 4.9. % 10 VTİÇ'nin porozite gelişimi regresyon analizi

	Denklem	R^2
I2-D2 Hava	$y = 0,0007x^2 - 0,1101x + 6,4621$	0,87
I2-D2 Hava+Sıvı	$y = 0,002x^2 - 0,3326x + 25,204$	0,95
I48-I52 Hava	$y = 0,0001x^2 - 0,0303x + 9,1233$	0,79
I48-I52 Hava+Sıvı	$y = -0,0001x^2 - 0,0375x + 20,835$	0,76
D48-D52 Hava	$y = 0,0005x^2 - 0,0802x + 4,2306$	0,90
D48-D52 Hava+Sıvı	$y = 0,0007x^2 - 0,1285x + 12,18$	0,87

% 10 VTİÇ'nun regresyon istatistiklerine bakıldığında sonuçların % 90 seviyesinde anlamlılık taşıdığı görülmektedir. Harç içindeki hava boşlukları ortalama %58 seviyesinde gerilerken, hava+sıvı içeriği (tüm boşluk) %47 oranında küçülmüştür. % 15 VTİÇ'nun korelasyon analizi Çizelge 4.10.da, porozite gelişim regresyon analizi Şekil 4.12. ve Şekil 4.13'te ve regresyon istatistiki bilgileri Çizelge 4.11'de verildiği gibidir.

Çizelge 4.10. % 15 VTİÇ numunesi porozitesinin 100 günlük gelişimi

	Gün 1	Gün 2	Gün 3	Gün 4	Gün 5	Gün 6	Gün 7	Gün 14	Gün 21	Gün 28	Gün 42	Gün 70	Gün 100
I2-D2 (Hava)	7,59	7,47	8,03	7,88	6,8	7,96	8,03	7,65	7,54	7,52	7,15	6,42	4,61
I48-I52 (Hava)	24,8	22,2	21,9	17,6	18,9	17,7	18,7	17,4	17	17,3	16	14,7	12,8
D48-D52 (Hava)	7,05	6,15	5,71	5,33	5,06	4,61	3,96	3,75	3,67	3,08	2,72	2,25	1,88
I2-D2 (Hava+Sıvı)	13,7	15,6	14,9	14,7	13,9	14,6	14,6	14,3	13,9	13,7	12,6	11,7	10,5
I48-I52 (Hava+Sıvı)	41,4	40,5	39	37,7	36,3	35,1	33,6	33,3	32,2	31,9	28,7	18,3	18,9
D48-D52 (Hava+Sıvı)	16,7	14,8	13,8	16,2	16	15	14,1	13,4	13,4	13,1	12,8	11,4	9,9

Çizelge 4.10 incelendiğinde, %15 VTİÇ numunesinde 100 günlük porozite gelişimi, PÇ 42.5 çimento harcı, % 5 VTİÇ ve % 10 VTİÇ numunelerindeki porozite gelişimlerine benzer bir gelişim gözlenmiştir. Hava içerikli gözenekler, I48-I52 kesitlerinde % 48, I2-D2 kesitlerinde % 39 ve D48-D52 kesitlerinde % 73 seviyesinde küçülme göstermişlerdir. Ortalama olarak hava içerikli gözeneklerin 100 günlük gelişimi diğer bir ifadeyle küçülmesi % 53 derecesinde olmuştur. Sıvı içerikli gözenekler ise, I48-I52 kesitlerinde % 54,

I2-D2 kesitlerinde % 24 ve D48-D52 kesitlerinde % 41 seviyesinde küçülme göstermişlerdir. Böylece hava+sıvı boşluklarda ortalama % 40 seviyesinde küçülme gözlenmiştir.

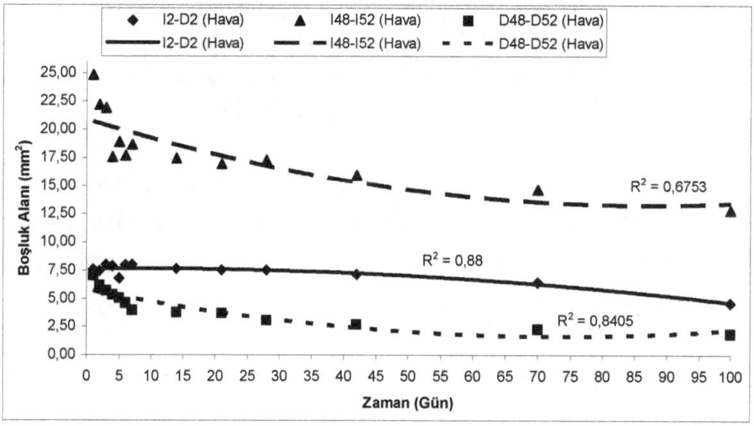

Şekil 4.12. %15 VTİÇ'nin boşluk yapısı gelişimi (Hava içeriği)

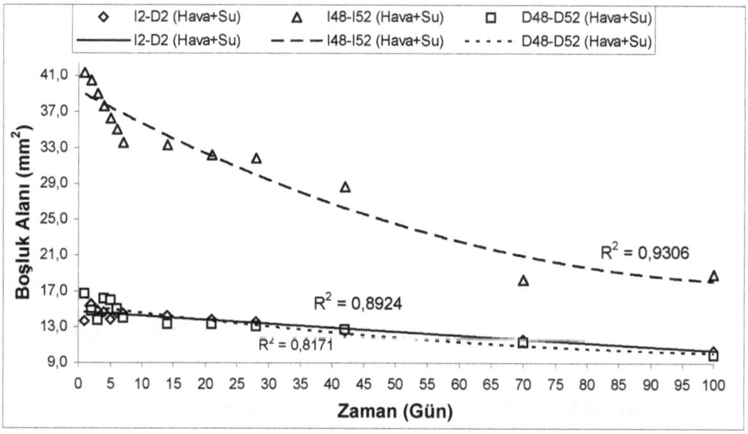

Şekil 4.13. %15 VTİÇ'nin boşluk yapısı gelişimi (Hava+Sıvı içeriği)

Çizelge 4.11. % 15 VTİÇ'nin porozite gelişimi regresyon analizi

	Denklem	R^2
I2-D2 Hava	$y = -0{,}0004x^2 + 0{,}0055x + 7{,}6505$	0,88
I2-D2 Hava+Sıvı	$y = 0{,}00003x^2 - 0{,}046x + 14{,}755$	0,89
I48-I52 Hava	$y = 0{,}001x^2 - 0{,}1751x + 20{,}896$	0,67
I48-I52 Hava+Sıvı	$y = 0{,}0017x^2 - 0{,}3816x + 39{,}356$	0,93
D48-D52 Hava	$y = 0{,}0008x^2 - 0{,}1137x + 5{,}8117$	0,84
D48-D52 Hava+Sıvı	$y = 0{,}0004x^2 - 0{,}0901x + 15{,}475$	0,82

Çizelge 4.11'de görülen istatistik analiz sonuçları, numunelerin farklı bölgelerinde oluşmuş boşlukların gelişimlerinin %90 doğrulukta olduğunu göstermektedir. % 15 VTİÇ numunelerinin 100 günlük porozite gelişimleri, parabolik fonksiyon göstermektedir.

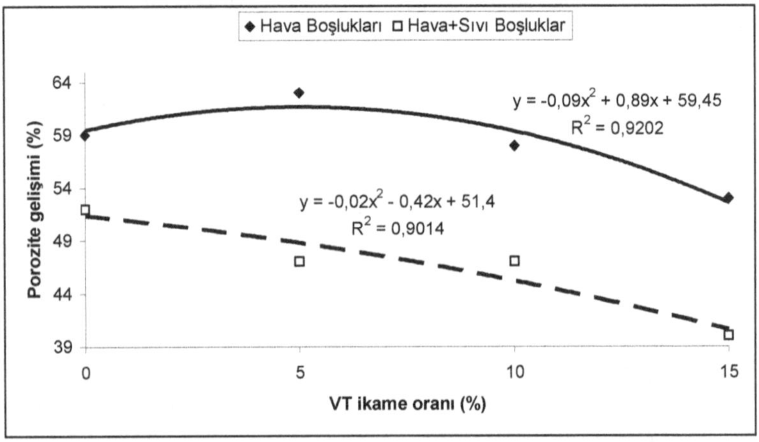

Şekil 4.14. Harç numunelerindeki 100 günlük ortalama porozite gelişimleri

Sonuç olarak, her bir grup numunenin zamana bağlı porozite gelişimleri diğerleriyle karşılaştırıldığında, hava+sıvı içeriği açısından çimentodaki VT ikamesi oranı (ağırlıkça) arttıkça boşlukların daralma yada küçülme miktarları azalmaktadır (Şekil 4.14.). Burada porozite gelişimi için önemli olan bir diğer durum, boşlukların civarında dağılmış olan çimento taneciklerin dizilişi ve o bölgedeki puzolan miktarlarıdır. Çimentonun yoğun olduğu bölgelerde boşlukların kapanma eğilimi artacaktır. Çalışmada bu yönde bir oluşum gözlenmiştir.

4.7. Harçlarda porozite - VT ikame oranı ile VT ikamesi-basınç dayanımı ilişkisi

BT yöntemi ile toplam poroziteleri bulunan 28 ve 100 günlük laboratuar kürü ile 100 günlük tomografi odasında kür uygulanan numunelerin, VT ikame oranları ile karşılaştırmaları Şekil 4.15'de, VTİÇ'nin basınç dayanımları Şekil 4.16'da ve VTİÇ'nin porozitesi ile basınç dayanımı arasındaki ilişki Şekil 4.17'de verilmiştir. Bu grafikler regresyon analizleri yapılarak bulunmuştur. Ayrıca deney sonuçları Çizelge 4.12'de verilmiştir.

Şekil 4.15'de, numunelerde kullanılan farklı VT ikame oranlarının porozite üzerine etkisi regresyon grafiği ile incelenmiştir. Bu şekle göre, 28 günlük laboratuvar kürü uygulanan numunelerin poroziteleri, VT ikame oranı ile orantılı bir şekilde ilişkilidir. 100 gün kür yapılan numuneler incelendiğinde, laboratuvar kürü yapılan numunelerde VT ikame oranı arttıkça porozite düşmüştür, fakat radyasyon etkisinde kalmış numuneler VT ikame oranı ile doğru orantılı bir ilişki göstermiştir. Bu numunelerin aynı ortamda, aynı kalıpta ve aynı zamanda sıkıştırıldığı göz önünde bulundurulduğunda, VT'ün puzolanik reaksiyonları başlatması, böylece, 28 günden sonra çimento tanelerinin jelleşmesine devam etmesini sağladığı ve bundan dolayı 28 gün sonrasında boşlukların kapanma eğilimine devam ettiği söylenebilir. Fakat radyasyon etkisinde kalmış numunelerde boşlukların daha fazla olması iyonizan etki gösteren x-ışınlarının çimentodaki puzolanik reaksiyonları ve hidratasyon reaksiyonlarını etkilediği sonucunu gösterebilir.

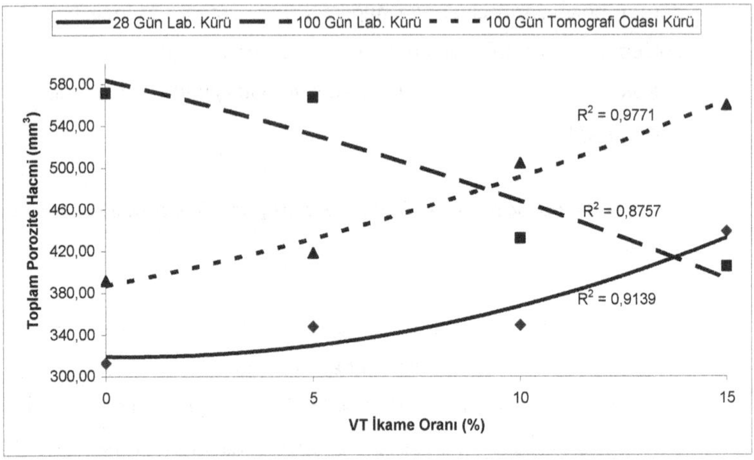

Şekil 4.15. VT ikame oranı - Toplam porozite ilişkisi

Şekil 4.16'da çimento yerine %5, %10 ve %15 oranlarında kullanılan VT'ün, numunelerin basınç dayanımına etkileri regresyon grafiğiyle verilmiştir. Bu şekle göre çimentodaki ağırlıkça VT ikame oranı arttıkça basınç dayanımı düşmektedir. Basınç dayanımları 28 günlük numunelerde kontrol harcına göre %5 VT ikamesi ile %10, %10 VT ikamesi ile %15 ve %15 VT ikamesi ile %21 oranında azalmıştır. 100 günlük laboratuvar kürü uygulanan numunelerde basınç dayanımları kontrol grubuna göre, %5 VT ikamesi ile %10, %10 VT ikamesi ile %13 ve %15 VT ikamesi ile %17 azalmıştır. Radyasyon etkisinde kalmış 100 gün kür uygulanan numunelerde ise basınç dayanımları kontrol grubuna göre, %5 VT ikamesi ile %11, %10 VT ikamesi ile %17 ve %15 VT ikamesi ile %26 azalmıştır. Böylece tomografi odasında kürlenen ve radyasyon almış numunelerde hidratasyon kinetiği zarar görmekte, reaksiyonlar tam anlamıyla gerçekleşememektedir. Bu durum numunelerin yüzey rengini de etkilemiş olup, radyasyon etkisindeki numunelerde deney sonrasında yüzey bozuklukları tespit edilmiştir. (Bkz. Ek-3). Radyasyon etkisindeki numuneler laboratuvar kürü yapılmış numunelere göre daha soluk renkli biraz daha sarımsı ve yüzeyde kireç kusmaları gözlenmiştir.

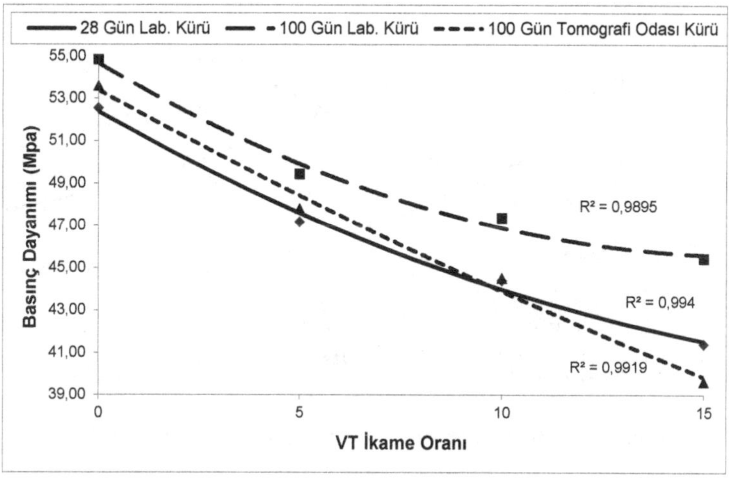

Şekil 4.16. VT ikame oranı – Basınç dayanımı ilişkisi

Şekil 4.17'de numunelerdeki boşluk hacminin basınç dayanımına etkisi regresyon grafiğiyle tanımlanmıştır. Çizelgeler incelendiğinde regresyon katsayısının yüksek oluşu deneyin %95 anlamlılıkta olduğunu göstermektedir. Çizelgelerde görüldüğü gibi, porozite ile basınç dayanımı arasında lineer bir ilişki yoktur. Fakat parabolik bir ilişki gözlenmektedir. Malzemenin kırılma mekaniğinde, yapıdaki boşluklar plastik deformasyonda etkili olup, porozite arttıkça malzemenin dayanımının düşmesi beklenmektedir. Bu çalışmaya göre, porozite çimento harcının basınç dayanımını etkilemektedir.

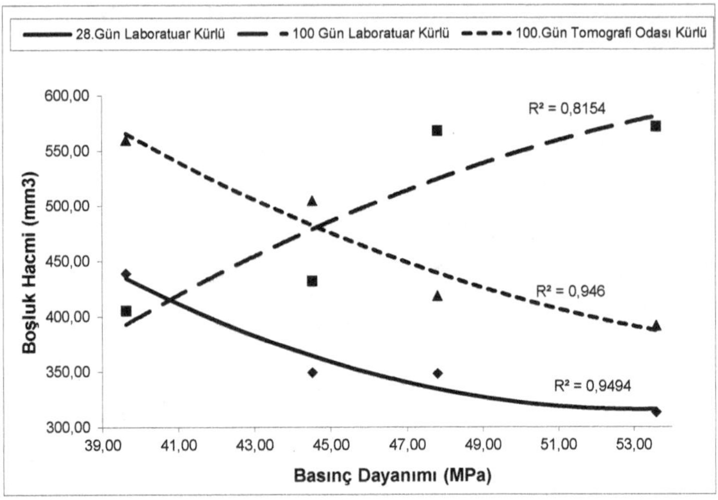

Şekil 4.17. VT ikameli çimento harcının toplam porozite – basınç dayanımı ilişkisi

4.8. Radyasyonun Harç Numunelerde Oluşturduğu Etkiler

Tomografi odasında kürlenen numunelerin her biri ortalama toplam 1106,04mGy.cm mertebesinde radyasyon almıştır. Radyasyon etkisindeki numunelerde zamanla yüzey rengi değişmekle birlikte, tomografi cihazında görüntülenecek olan numune su küründen çıkarılıp BT cihazına yerleştirilip, radyasyon etkisine tabi tutulduktan sonra numune üzerindeki su buharlaşmış ve hatta numune kuru bir hal almıştır. Bu durum, x-ışınının iyonize karakterde olmasından kaynaklanmaktadır. X-ışınları suyu iyonlarına ayrıştırarak numunelerin kurumasına sebep olmaktadır. Bu sırada x-ışını, yalnızca suyun bünyeden ayrılmasını sağlamakla kalmamış, harç numunelerde hidratasyon reaksiyonlarını ve hatta bazı bağların kopmasını da sağlamıştır. Bu sebeple numunelerde ani kuruma etkisiyle yüzeyde hafif tozlanma (dusting) gözlenmiştir. Radyasyon etkisinde kalan numuneler üzerinde yapılan karşılaştırmalı bir testte; laboratuar kürü etkisinde kalan numunelerle, tomografi odasında kür yapılan numunelerin üzerine aynı ortamda, eşit miktarda distile su damlatılmıştır. Radyasyon etkisinde kalan numuneler üzerindeki suyu belirli bir süre absorbe edememiştir. Radyasyon etkisi altında kürlenmeyen numuneler ise suyu hemen emmiştir. Radyasyon etkisindeki numunelerin yüzeylerinde oluşan bir film tabakası, suya karşı bir direnç oluşturmaktadır. Bu direnç belirli bir süre sonra etkisini kaybetmektedir. Bundan dolayı, numunelerin yüzeyde su tutmamasının sebebi, yüzeyde oluşan çeşitli elektrostatik yüklerin suyun yüzeyde bağlanmasını engellemesi olarak açıklanabilir. Numuneler üzerinde radyasyonun etkileri Ek-3'deki resimlerle gösterilmiştir.

5. SONUÇLAR VE ÖNERİLER

5.1. Sonuçlar

Kayseri- Erciyes yöresinden temin edilen VT ile, TS EN 196-1 ve TS EN 196-3 standartlarına göre yapılan basınç dayanımı, priz süresi, kıvam ve hacim sabitliği tayini deneyleri ve BT ile alınan görüntüler üzerinde yazılım desteğiyle porozitenin belirlenmesi sonucunda oluşturulan çizelgeler ve istatistik hesaplar neticesinde aşağıdaki sonuçlara ulaşılmıştır:

1. VT puzolanik özellik taşımaktadır.
2. Çimento hamuru numunelerinde, VT ikame oranı arttıkça kıvam (su ihtiyacı) artmıştır.
3. Çimento hamuru numunelerinde, VT ikame oranı arttıkça priz başlangıç ve bitiş süreleri artmıştır.
4. Çimento hamuru numunelerinde, VT ikame oranı artması çimentonun hacim genleşmesine etkisi ihmal edilebilecek kadar azdır.
5. Çimento hamuru numunelerinde, numune içindeki boşlukların BT cinsinden numarası 298~315 HU arasındadır.
6. PÇ 42.5 çimentosu içine ağırlıkça %5, %10 ve %15 oranlarında ikame edilen VT, çimento harçlarının 28 ve 90 günlük basınç dayanımlarının 42.5 Mpa üzerinde olmasını sağlamıştır. Böylece standart dayanımı sağlayarak çimento üretiminde kullanılabilirliği belirlenmiştir.
7. Harç numunelerinde, çimentoda ağırlıkça yerine konulan VT'ün ikame oranı arttıkça basınç dayanımı düşmüştür.
8. Standart harç numunelerinde, radyasyon etkisinde kürlenmiş numuneler, normal laboratuarda kürlenmiş numunelere göre daha düşük basınç dayanımı sonuçları vermiştir.
9. Standart harç numunelerinde, 100 gün içinde boşluklar ortalama % 50-60 oranında küçülmüştür.

10. Standart harç numunelerinde, ilk 7 günlük ortalama porozite gelişimi % 5 azalma mertebesinde, 28 günlük ortalama gelişim % 20-30 azalma mertebesindedir.
11. Standart harç numunelerinde, VT ikame oranı arttıkça boşluklar daha az bir küçülme gelişimi göstermektedir.
12. Çimentodaki VT ikame oranları arttıkça 28 günlük süreçte porozite artarken, zaman ilerledikçe puzolanik reaksiyonların da etkisiyle porozite azalmaktadır. VT çimento harcında puzolanik reaksiyonları başlatmış ve devam ettirmiş, boşluk yapısını etkilemiş ve poroziteyi azaltmıştır.
13. Standart harç numunelerinde, 28 günlük süreçte toplam boşluk hacmi VT ikame oranı arttıkça artarken yani 28 günlük VT-Porozite doğru orantılı bir gelişim gösterirken; 100 günlük süreçte toplam boşluk hacmi VT ikame oranı arttıkça azalmıştır yani 100 günlük VT-Porozite ters orantılı bir gelişim göstermiştir.
14. Standart harç numunelerinde, boşluk hacmi arttıkça basınç dayanımı düşmektedir.
15. Radyasyon etkisinde kalmış numunelerde yüzey bozuklukları oluşmuştur.
16. Porozite kalıp şekli, su/çimento oranı, sıkıştırma süresi ve şekli gibi bir çok faktöre bağlıdır. Bu çalışmada tek tip sıkıştırma ile VT ikamesinin toplam poroziteye ve 100 günlük porozite gelişimine etkisi değerlendirilmiştir. Bunun için BT kullanılmış ve BT'nin porozite tayini konusundaki faydaları ve zararları gözlemlenmiştir. BT çimento harcının ve çimento pastasının porozitesinin belirlenmesinde kullanılabilir bir yöntemdir. BT ile 0,000001 mm^2 ve 0,001 mm (1µm) değerinde veri alınabilmektedir. Böylece mikro yapı tayini yapılabilir. BT ile çimento harçlarında, mikro ve makro boşlukların gelişimi, porozitenin yapısı, boyutu, dağılımı, geometrisi gibi bilgiler rahatlıkla alınabilmektedir.

VT ikamesi ile aynı su miktarıyla işlenebilirlik azalmıştır.

5.2. Öneriler

- Standart harç numunelerinde yapılan deneyler sonucunda VT ikamesi ile yapılan betonlar, basınç dayanımı, hacim genleşmesi, priz sürelerinin uygun aralıkta olması sebebiyle saha kaplama betonlarında ve diğer yapısal eleman betonlarında kullanılabilir.
- Basınç dayanımları dikkate alındığında %15 VT ikamesinde kontrol betonuna göre %20 civarlarında bir azalma olmuştur. Bundan dolayı çimentoda daha yüksek VT ikame oranları denenerek kullanılabilirliği tespit edilmelidir. Bunun yanı sıra VT ikameli çimentolarla hazırlanan betonların dayanıklılık özellikleri tespit edilmelidir.
- VT ikamesinin beton üzerindeki etkilerini daha net yaklaşımlarla belirleyebilmek için, daha fazla deney numunesi kullanılmalı ve ikame oranları artırılmalıdır.
- Çimento harcında yada betonda poroziteyi belirlemek için, öncelikle kullanılacak malzemelerin HU değerleri istatistik hesaplarla değerlendirilmedir. BT görüntülerinde deneysel analizleri bozacak bir durum vardır. Bu durum artefakt oluşumu adıyla bilinmektedir. Artefakt oluşumunun engellenmesi ya da elimine edilebilmesi için öncelikle deneylerde numune sayısı mümkün olduğunca çok seçilmelidir. FOV alanı küçültülmeli ve x-ışını demetinin enerjisi yüksek tutulmalıdır. Ayrıca numuneler BT'ye girmeden evvel BT fantomla mutlaka kalibre edilmelidir.

Sonuç olarak;

BT tekniği uygulama ve ekonomiklik açısından zor ve pahalı, ancak detaylı verileri ve görselliği ile güçlü bir sistem olup, beton biliminde numune boyutları uygun aralıkta seçildiğinde doyurucu sonuçlar vereceğinden kullanılabilirliği yüksek bir tekniktir. BT ile porozite ve malzemenin mikro yapısındaki değişmeleri incelemeleri mümkündür. Ancak yinede MIP, SEM ve XRD analizleri ile desteklenmesinde yarar vardır.

KAYNAKLAR

1. Aruntaş, Y., "Diatomitlerin Çimentolu Sistemlerde puzolanik Malzeme Olarak Kullanılabilirliği", Doktora tezi, ***Gazi Üniversitesi Fen Bilimleri Enstitüsü***, Mimarlık, Ankara 1-10 (1996)

2. DPT, "Yapı Malzemeleri III (Pomza – Perlit – Vermikülit – Flogopit - Genleşen Killer)", Madencilik Özel İhtisas Komisyonu Raporu", Endüstriyel Hammaddeler Alt Komisyonu Çalışma Grubu Raporu, **DPT:2617-ÖİK:628**, Ankara,1-53 (2001)

3. Erdoğan, T.Y., "Portland Çimentoları ve Diğer Çimento Türleri", Beton, ***METU Press***, Ankara, 11-61, 634-639 (2003)

4. Massaza, F., "Puzolanlar", ***Puzolanlı çimentolar ve kullanım alanları semineri,*** **TÇMB**, Ankara, 1-46 (1989)

5. Özturan, T., "Uluslararası IV. CANMET-ACI Betonda Uçucu Kül, Silis Dumanı, Cüruf ve Doğal Puzolanların Kullanımı Konferansının Değerlendirilmesi", ***Endüstriyel Atıkların İnşaat Sektöründe Kullanılması Bildiriler Kitabı 2***, İstanbul, 57-72 (1993)

6. Yaman I.O., Hearn N., Aktan H.M., "Active and Non-Active Porosity in Concrete Part I: Experimental Evidence", ***Materials and Structures, RILEM***, 2-19 (2000)

7. Yaman I.O., Hearn N., Aktan H.M., "Active and Non-Active Porosity in Concrete Part II: Evaluation of Existing Models", ***Materials and Structures, RILEM,*** 19-33 (2000)

8. Demir M., "Effect of Pore Size Distribution on Porosity Measurement by Computerized Tomography", Yüksek Lisans Tezi, ***The Graduate School Of Natural And Applied Sciences Of The Middle East Technical University,*** Ankara,1-22 (2000)

9. Hossain K.M.A., "Blended Cement Using Volcanic Ash And Pumice", ***Cement and Concrete Research,*** 33, 1601-1605 (2003)

10. Diamond S., "Aspect of Concrete Porosity Revisited", ***Cement and Concrete Research***, 29, 1181-1188 (1999)

11. Corr D.J., Lebourgeois J., Monteiro P.J.M., Bastacky S.J.,Gartner E.M., "Air Void Morphology in Fresh Cement Pastes" ***Cement and Concrete Research***, 32,1025-1031 (2002)

12. Galle C., "Effect of Drying on Cement-Based Materials Pore Structure as Identified by Mercury Intrusion Porosimetry A Comparative Study Between Oven-, Vacuum-, and Freeze-Drying" ***Cement and Concrete Research***,31, 1467-1477 (2001)

13. Tanaka K. ve Kurumisawa K., "Development of Technique For Observing Pores in Hardened Cement Paste" ***Cement and Concrete Research***, 32, 1435-1441 (2002)

14. Scrivener K.L. ve Nemati K.M., "The Percolation of Pore Space in The Cement Paste/Aggregate Interfacial Zone of Concrete" ***Cement and Concrete Research***, 26, 35-40 (1996)

15. Knöfel D. ve Wang J.F., "Hızlı Sertleşen Çimentoların Por Yapısı" ***Çimento Dünyasından Tercümeler***, 71, 21-31 (1995)

16. Khatib J.M. ve Mangat P.S, "Porosity Of Cement Paste Cured At 45°C As A Function Of Location Relative To Casting Position" ***Cement and Concrete Research***, 25, 97-108 (2003)

17. Chotard T.J., Bonceur-Martel M.P ve arkadaşları, "Application of X-Ray Computed Tomography to Characterize The Early Hydration of Calcium Aluminate Cement", ***Cement and Concrete Composites***, 25, 145-152 (2003)

18. Jiang L. ve Guan Y., "Pore Structure and Its Effect on Strength of High-Volume Fly Ash Paste" ***Cement and Concrete Research***, 29, 631-633 (1999)

19. Chan Y.N., Luo X., Sun W., "800°C'ye Kadar Yüksek Sıcaklığa Maruz Bırakıldıktan Sonra Yüksek Performanslı Betonun Basınç Dayanımı ve Por Yapısı", ***Cement and Concrete Research***, 30, 247-251 (2000)

20. Cui L., Cahyadi J.H., "Permealbility and Pore Structure of OPC paste", ***Cement and Concrete Research***, 31, 277-282 (2001)

21. Okpala D.C., "Pore Structure of Hardened Cement Paste and Mortar", ***Cement and Concrete Composites***, 11-4, 245-254 (1989)

22. Patel R.G., Killoh D.G., Parrot L.J., Gutteridge W.A., "Farklı Rutubet Şartlarında Kürlemenin, Portland Çimento Pastasındaki Bileşiklerin Reaksiyonu ve Porozite Üzerine Etkisi", ***Çimento Dünyasından Çeviriler***, 33, 1-15 (1992)

23. Xu Z., Deng Y., Wu X., Tung M., "Çok Düşük Poroziteli Bağlayıcı Sistemlerin Performansı Üzerine Çeşitli Hidrolik Bağlayıcıların Etkisi", Çimento Dünyasından Çeviriler, 50, 35-49 (1993)

24. Braz D., Lopez R.T., Motta L.M.G., "Research on Fatigue Cracking Growth Parameters in Asphaltic Mixtures Using Computed Tomography", ***Nuclear Instruments and Methods in Physics Research***, B 213, 498-502 (2004)

25. Wang L.B.,Frost J.D., Voyiadjis G.Z., Harman T.P., "Quantification of Damage Parameters Using X-Ray Tomography İmages", ***Mechanichs of Materials***, 35, 777-790 (2003)

26. Atahan H.N., Taşdemir M.A., Oktar O.N., "Yüksek dayanımlı betonlarda çimento hamurunun boşluk yapısının beton özelliklerine etkisi", ***İTÜ Dergisi Mühendislik***, 2, 1, 23-34 (2003)

27. Wong R.C.K., Chau K.T.; "Estimation Of Air Void And Aggregate Spatial Distribution İn Concrete Under Unaxial Compression Using Computer Tomography Scanning", ***Cement and Concrete Research***, (Article in press) (2004)

28. Postacıoğlu B., "Bağlayıcı Maddeler", Beton Cilt:1, ***Teknik Kitaplar Yayınevi***, İstanbul, 39 (1986)

29. Özkul H., Taşdemir M.A., Tokyay M., Uyan M., "Çimento", Beton, ***Türkiye Hazır Beton Birliği***, İstanbul, 18 (1999)

30. Roumain J.C., Sarkar S.L., "21. Yüzyılın Çimentoları," ***Çimento ve Beton Dünyası***, 5, 30, Mart-Nisan, 36-45 (2001)

31. Özturan T., "Uluslararası 4.CANMET-ACI Betonda Uçucu Kül, Silis Dumanı, Cüruf ve Doğal Puzolanların Kullanımı Konferansının Değerlendirilmesi" ***Endüstriyel Atıkların İnşaat Sektöründe Kullanılması Bildiriler Kitabı 2***, TMMOB, 75-82 (1993)

32. Mindness S, Young J.F., "Hydration of Portland Cement", Concrete, ***Prentice-Hall Inc.***,USA, 95 (1981)

33. Gani M.S.J., "Production of Portland Cement", Cement and Concrete, ***Chapman & Hall***, UK, 23 (1997)

34. Bertolini L., Elsener B., Pedefferri P., Polder R.P., Corrosion of Steel in Concrete, ***Wiley VCH***, 5 (2004)

35. Mehta P.K., Monteiro P.J.M., "Hydroulic Cements", Concrete Microstructure, Properties and Materials, ***internet e-book***, 91-106 (2001)

36. Jennings H.M., Thomas J.J., Rothstein D, Chen J.J., Cements As Porous Material, **Northwestern Üniversitesi Malzeme Bilimi ve Mühendisliği, Ders Notları**, USA (2001)

37. Neville A.M., "Portland Cement", Properties of Concrete, ***Longman Scientific& Technical***, England,25-39 (1981)

38. Standard C595-86, "Standard Specification for Blended Hydraulic Cements", ***ASTM*** (2002)

39. Ramahandran V.S., Concrete Admixtures Handbook, ***Noyes Publication***, New Jersey, USA, 5-30 (1995)

40. Gündüz L., **Pomza Teknolojisi**, Cilt 1, ***Isparta Belediyesi-Isbas***, Isparta, 10-45 (1998)

41. Uyan M., "Beton ve Harçlarda Kılcallık Olayı", Doktora Tezi, **İTÜ İnşaat Mühendisliği,** 12-16 (1975)

42. PCA, "Air Entrainment" Principles of Quality Concrete, ***Portland Cement Association***, Wiley, 139-151 (1980)

43. Mills, R.H., "Gas and Water Permeability of Concrete For Reactor Buildings—Small Specimens", Research Report INFO 0188-1, ***Atomic Energy Control Board***, Ottowa, Ontario, Canada,60-73 (1986)

44. Cilason N., Aksoy N., "Beton Özellikleri", Beton Yapı Hasarları Onarım ve Korunması ve Sıcak İklimlerde Beton,***Lebib Yalkın Yayınevi***, İstanbul,6-7 (2000)

45. Hearn N., Hooton R.D., Mills R.H., "Pore Structure and Permeability", Significance of Test and Properties of Concrete and Concrete-Making Materials, ***ASTM, STP169C***, 240-259 (1994)

46. Arslan M., "Betonda Oluşan Fiziksel Kusurlar" Beton, ***Atlas Yayınevi***, İstanbul, 119-120 (2001)

47. Popovichs S., "Relationship Between Composition and Strength of Concrete" Strength and Related Properties of Concrete - A Quantitative Approach, ***John Wıley and Sons***, New York, 370-390 (1997)

48. Roberts L.R. "Air Content, Temperature, Unit weight, and Yield" Significance of Test and Properties of Concrete and Concrete-Making Materials, , ***ASTM, STP169C***, 65 (1994)

49. Vallee F., Modeling Drying / Hydration Carbonation in thin mortars using CEMHYD3D, ***Building and Fire Research Laboratory*** (2000)

50. Ramachandran V.S. ve Beaudoin J.J., "Pore Structure", Handbook of Analitical Techniques in Concrete Science And Technology, ***William Andrew Publishing***, US, 528-629 (2001)

51. Shah S.P., "Future Development in High Performance Concrete", ***Proceedings of the 11. European Ready Mixed Concrete Congress***, İstanbul, 53-72 (1995)

52. Oyar O., "BT Fiziği", Radyolojide Temel Fizik Kavramlar, ***Nobel Tıp Kitabevleri***, İstanbul, 10-35 (1998)

53. Tuncel E., "Radyoloji'de BT", Klinik Radyoloji, ***Nobel & Güneş***, İstanbul, 230-352 (2002)

54. Kaya T.,"BT Fiziği", Temel Radyoloji Tekniği, Güneş & Nobel, 185-212 (1997)

55. Dicle O.,"BT Fiziği", Temel Radyoloji Fiziği, ***Güneş Kitabevi Yayınları***, Ankara, 30-115 (1991)

56. Martin James E., "Radiation Physics", Physics for Radiation Protection, ***A Wiley Publication***, USA, 448-453 (2000)

57. Bushong S.C., Radiologic Science for Technologist, Physics, Biology, and Protection, ***The C.V.Mosby Company***, Toronto,:364-386 (1984)

58. TS EN 196-1, Çimento Deney Metotları - Bölüm 1: Dayanım Tayini, **TSE**, Mart (2002)

59. TS EN 196-2, Çimento Deney Metotları – Bölüm 2: Çimentonun Kimyasal Analizi, **TSE,** Mart (2002)

60. TS EN 196-3, Çimento Deney Metotları – Bölüm 3: Priz Süresi ve Genleşme Tayini, **TSE,** Mart (2002)

61. TS EN 196-6, Çimento Deney Metotları – Bölüm 6: İncelik Tayini, **TSE,** Mart (2002)

62. TS EN 197-1/A1, Çimento - Bölüm 1: Genel çimentolar - Bileşim, özellikler ve uygunluk kriterleri, **TSE,** Mart (2005)

63. **SET Italcementi A.Ş**. Ankara Çimento Fabrikası Laboratuarları

64. internet: MTA Genel Müdürlüğü internet sitesi, http://www.mta.gov.tr/mta_web/myatak.asp

65. internet: MTA Genel Müdürlüğü internet sitesi, http://www.mta.gov.tr/mta_web/maden/kayseri.asp

66. Standard C593-95, "Standard Specification for Fly Ash and Other Pozzolans for Use With Lime", ***ASTM*** (2002)

67. TS 3526, Beton Agregalarında Özgül Ağırlık ve Su Emme Oranı Tayini, **TSE,** Aralık (1980)

68. Şimşek O., "Çimento Deneyleri", Beton Bileşenleri ve Beton Deneyleri, ***TÇMB***, Ankara,1-20 (2004)

EKLER

EK 1

VT LASER PARTICLE SIZER DENEY SONUCU

TOPLU DENEY SONUÇLARI TABLOSU

GAZİ ÜNİVERSİTESİ TEKNİK EĞT. FAK.
YAPI BÖLÜMÜ ZEMİN MEKANİĞİ LABORATUVARI
LASER PARTICLE SIZER DENEY SONUCU

Version 1.2b   11 Oct 2003 15:45

:Run Number 5

T 5

Measured on: 11 Oct 2003 15:43   Source: Analysed

Presentation: 2OHD
Polydisperse model   Volume Result   Focus = 45 mm.

Residual = 0.448 %   Concentration = 0.026 %   Obscuration = 26.65 %
d (0 .5) = 20.12 µm   d (0.1) = 2.16 µm   d (0.9) = 66.67 µm
D [4, 3] = 27.67 µm   Span = 3.21
Sauter Mean (D[3,2]) = 5.15 µm   Mode = 0.00 µm
Specific Surface Area = 0.4664 sq. m. / gm   Density = 2.50 gm. / c.c.

Size (Lo) µm	Result In %	Size (Hi) µm	Result Below %
0.05	0.00	0.12	0.00
0.12	0.04	0.15	0.04
0.15	0.08	0.19	0.12
0.19	0.13	0.23	0.25
0.23	0.18	0.28	0.43
0.28	0.25	0.35	0.68
0.35	0.33	0.43	1.01
0.43	0.45	0.53	1.46
0.53	0.59	0.65	2.05
0.65	0.79	0.81	2.84
0.81	1.04	1.00	3.88
1.00	1.33	1.23	5.20
1.23	1.61	1.51	6.81
1.51	1.82	1.86	8.62
1.86	2.01	2.30	10.63
2.30	2.22	2.83	12.85

Size (Lo) µm	Result In %	Size (Hi) µm	Result Below %
2.83	2.47	3.49	15.32
3.49	2.79	4.30	18.11
4.30	3.16	5.29	21.27
5.29	3.54	6.52	24.81
6.52	3.89	8.04	28.70
8.04	4.23	9.91	32.93
9.91	4.58	12.21	37.51
12.21	4.98	15.04	42.49
15.04	5.35	18.54	47.84
18.54	5.57	22.84	53.41
22.84	5.74	28.15	59.15
28.15	6.04	34.69	65.19
34.69	6.68	42.75	71.87
42.75	7.67	52.68	79.54
52.68	9.12	64.92	88.67
64.92	11.33	80.00	100.00

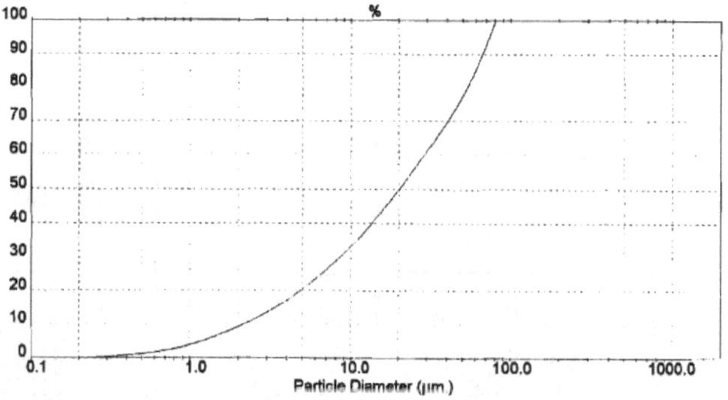

Malvern Instruments Ltd.   MasterSizer X Ver. 1.2b
Malvern, U.K.   Serial No. 32908-26   11 Oct 03 15:45

Şekil Ek-1.1. Kayseri Erciyes Yöresi VT'ünün İncelik Tayini Deney Raporu

Tablo 4.12. Basınç dayanımı ve porozite analizleri sonuçları

28 gün	A1A	A1B	A1C	A2A	A2B	A2C	A3A	A3B	A3C	A4A	A4B	A4C
(LABORATUAR KÜRÜ)	%0 VT			%5 VT			%10 VT			%15 VT		
Porozite (mm3)	321,16	334,78	282,91	333,21	361,33	349,65	310,35	453,72	283,84	258,93	500,5	556,92
Ortalama Porozite (mm3)	312,95			348,07			349,3			438,79		
Basınç Dayanımı (Mpa)	51,5	51,8	54,3	44,7	47	49,8	43,4	43,2	46,6	41,1	41,5	41,6
Ortalama Mukavemet (Mpa)	52,53			47,17			44,4			41,4		
Ağırlık (gr)	144,76	144,91	146,64	145,41	143,27	144,6	150,44	148,02	145,2	147,5	147	149,4
Ortalama Ağırlık (gr)	145,44			144,43			147,89			147,97		
100 GÜN	B1A	B1B	B1C	B2A	B2B	B2C	B3A	B3B	B3C	B4A	B4B	B4C
(LABORATUAR KÜRÜ)	%0 VT			%5 VT			%10 VT			%15 VT		
Porozite (mm3)	238,34	593,14	550,26	590,72	621,5	490,86	334,43	530,27	1260,17	355,31	506,16	354,75
Ortalama Porozite (mm3)	571,7			567,69			432,35			405,4		
Basınç Dayanımı (Mpa)	54,89	54,66	54,96	50,32	47,67	50,3	46,76	48,13	47,23	44,44	41,88	50,01
Ortalama Mukavemet (Mpa)	54,84			49,43			47,37			45,44		
Ağırlık (gr)	145	143,7	143,3	144,9	143,9	141,7	145,3	145,2	144,6	148	145,7	146,6
Ortalama Ağırlık (gr)	144			143,5			145,03			146,77		
100 GÜN	T1A	T1T	T1C	T2A	T2T	T2C	T3A	T3T	T3C	T4A	T4T	T4C
(TOMOGRAFİ ODASI KÜRÜ)	%0 VT			%5 VT			%10 VT			%15 VT		
Porozite (mm3)	376,6	423,96	374,84	435,61	416,8	403,05	312,23	607,04	595,08	465,12	587,54	626,82
Ortalama Porozite (mm3)	391,8			418,48			504,79			559,83		
Basınç Dayanımı (Mpa)	51,83	52,79	56,15	49,95	46,45	47,01	46,46	44,74	42,34	37,77	39,21	41,91
Ortalama Mukavemet (Mpa)	53,59			47,8			44,51			39,63		
Ağırlık (gr)	141,5	143,9	146,3	145,5	145,5	144,1	144,7	144,8	141,8	143,3	145,1	141,8
Ortalama Ağırlık (gr)	143,9			145,03			143,77			143,4		

EK 2

100 GÜNLÜK POROZİTE GELİŞİMLERİ TOMOGRAFİ GÖRÜNTÜLERİ

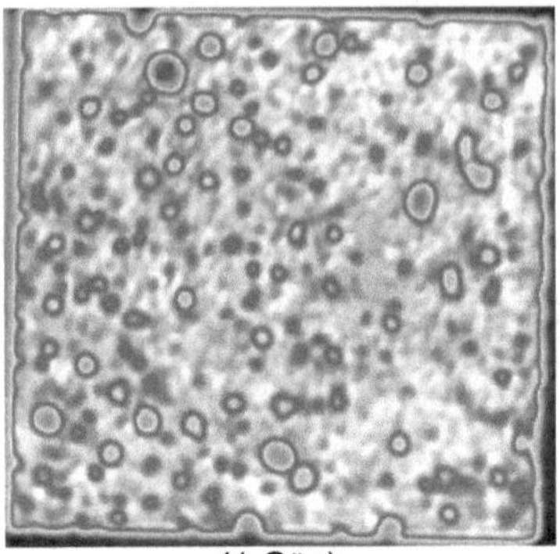
(1.Gün)

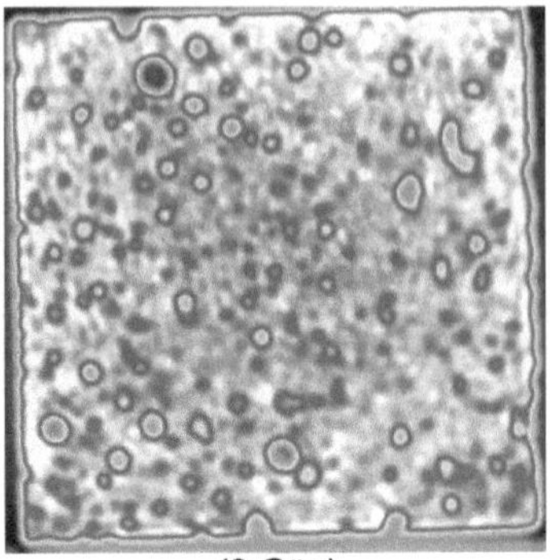
(3.Gün)

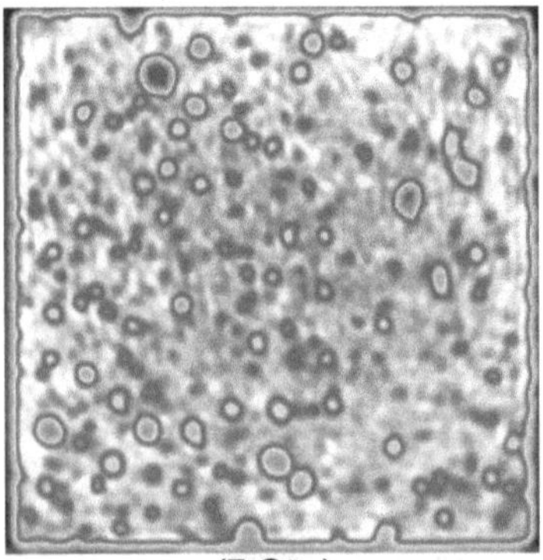
(7.Gün)

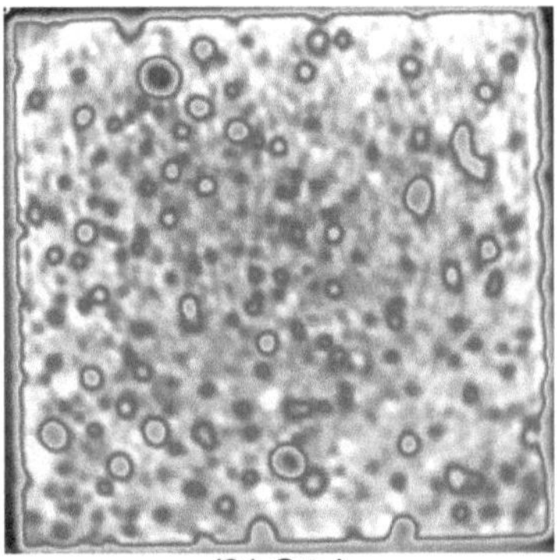
(21.Gün)

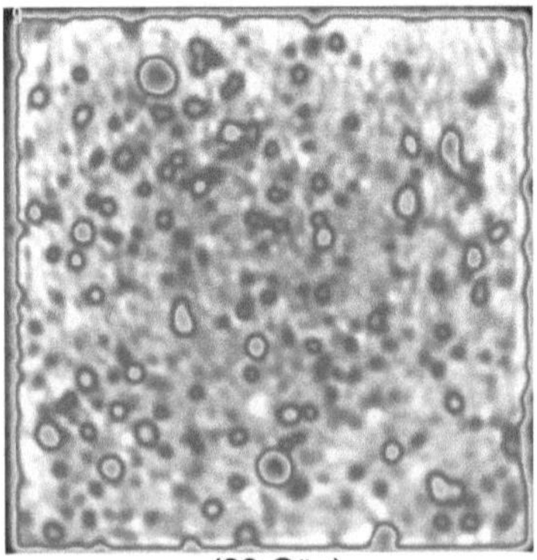
(28.Gün)

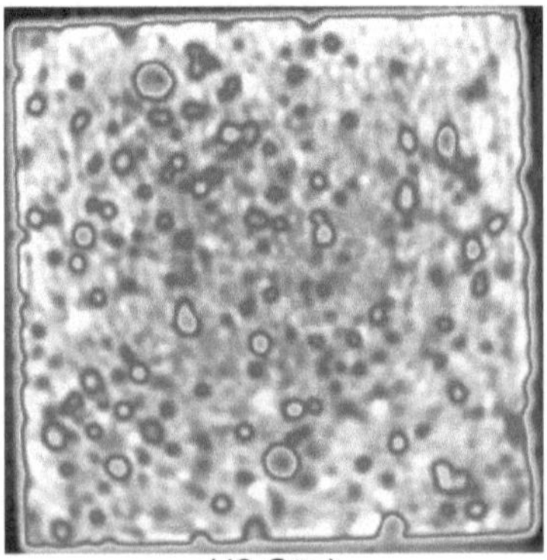
(42.Gün)

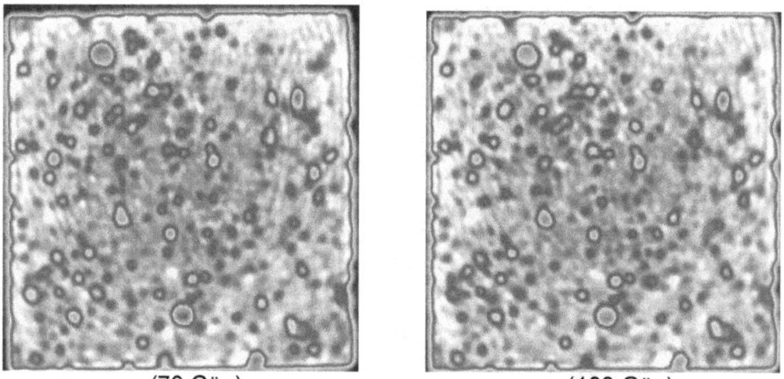

(70.Gün) (100.Gün)

Resim Ek-2.1. Kontrol Harcının Boşluk Yapısının Gelişimi

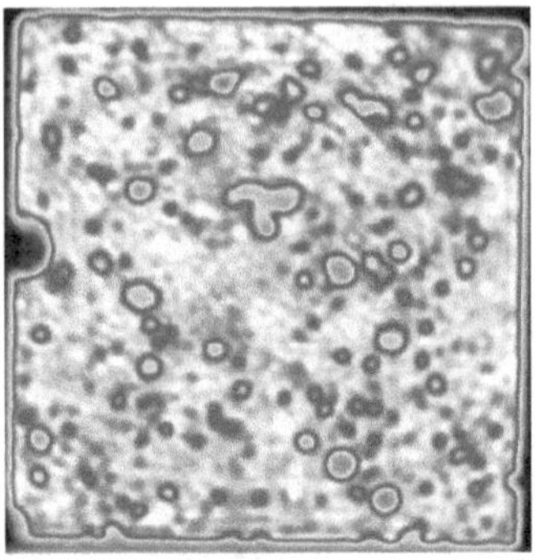

(1.Gün)

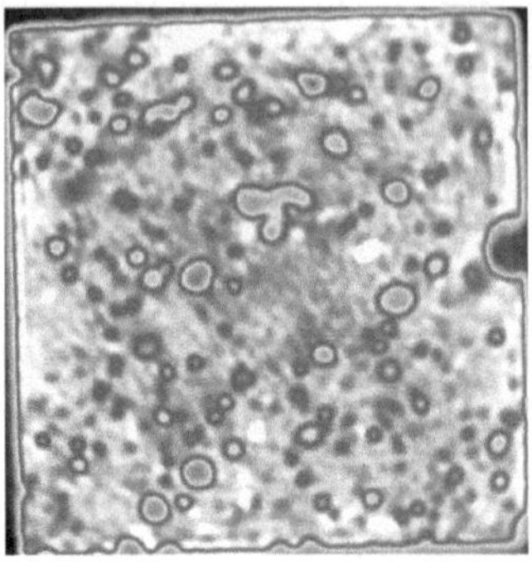

(3.Gün)

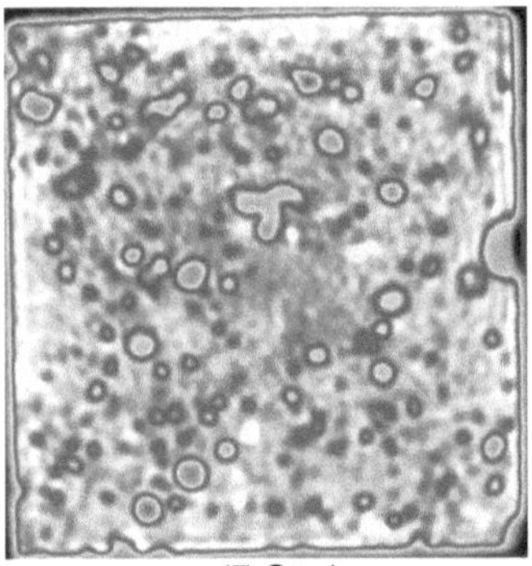

(7.Gün)

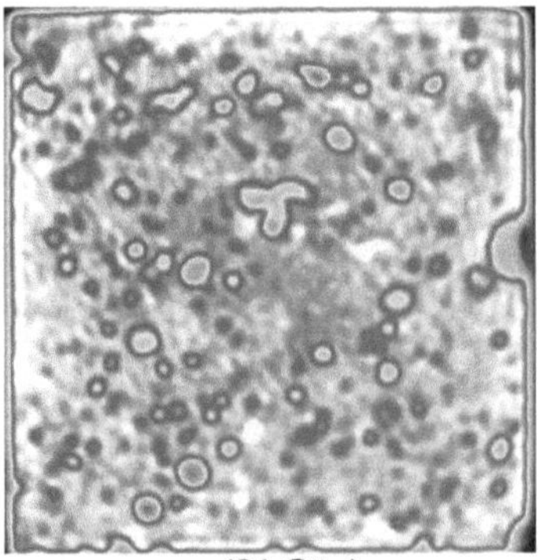

(21.Gün)

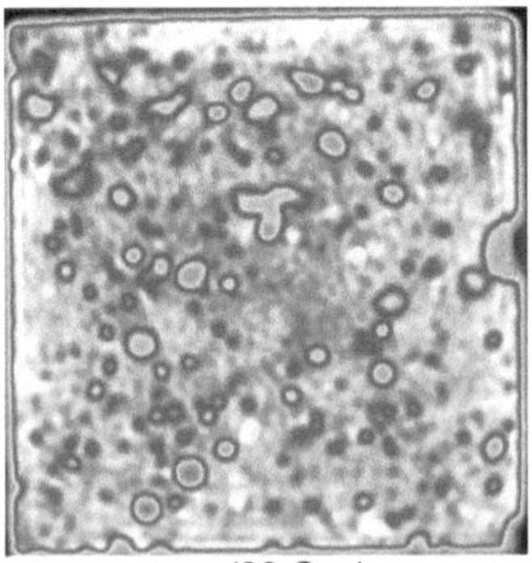

(28.Gün)

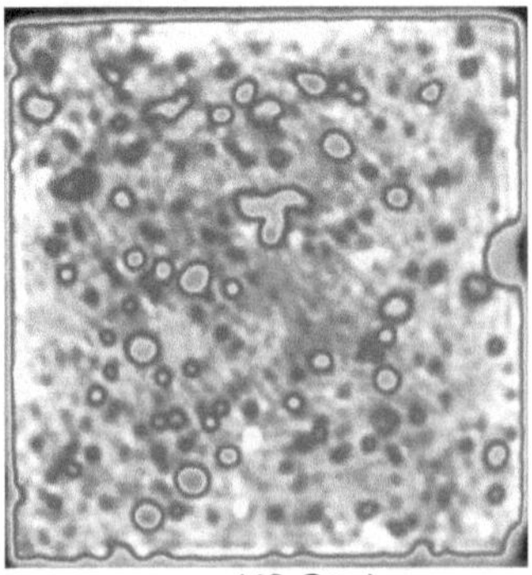

(42.Gün)

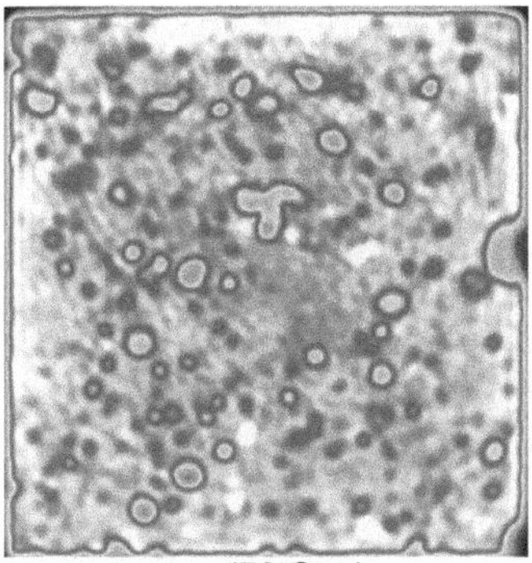

(70.Gün)

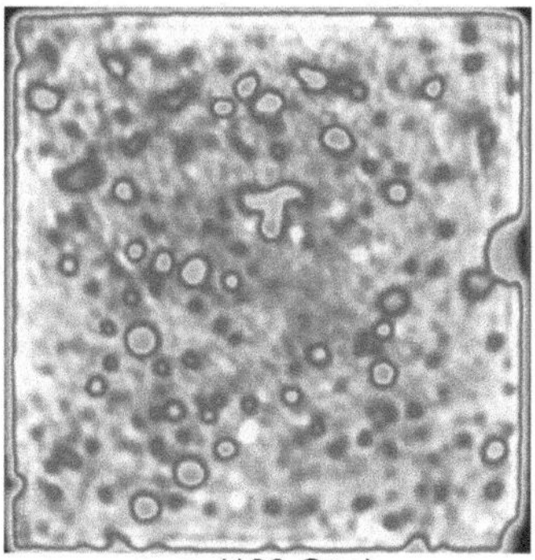

(100.Gün)

Resim Ek-2.2. %5 VT İkameli Harcın Boşluk Yapısının Gelişimi

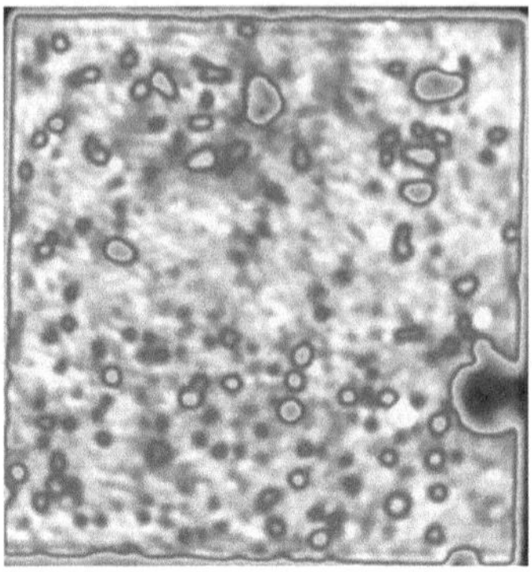

(1.Gün)

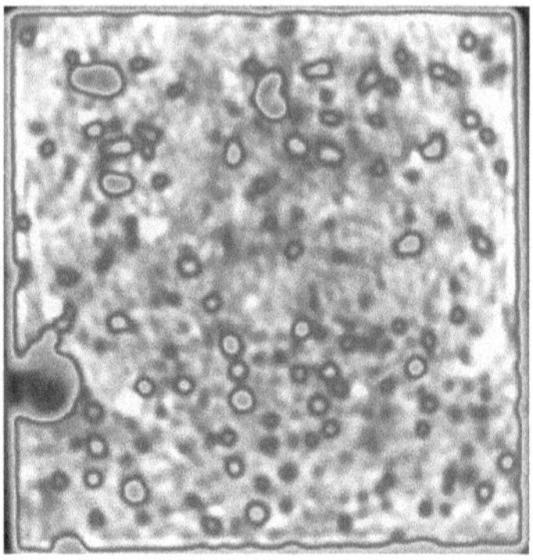

(3.Gün)

EK-2

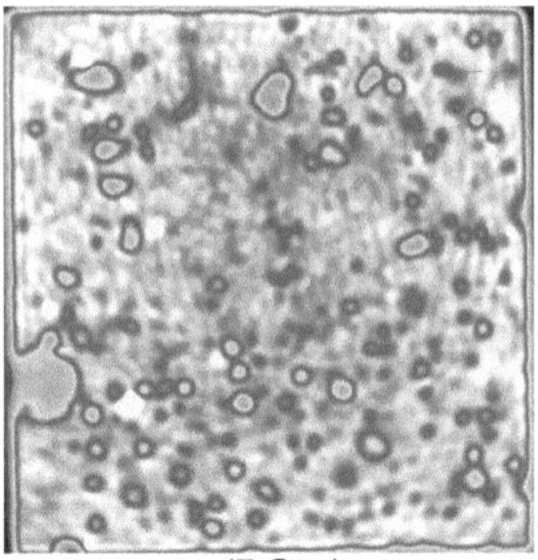

(7.Gün)

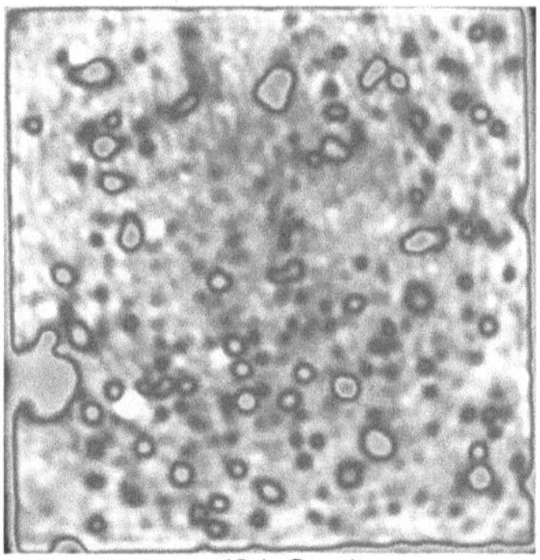

(21.Gün)

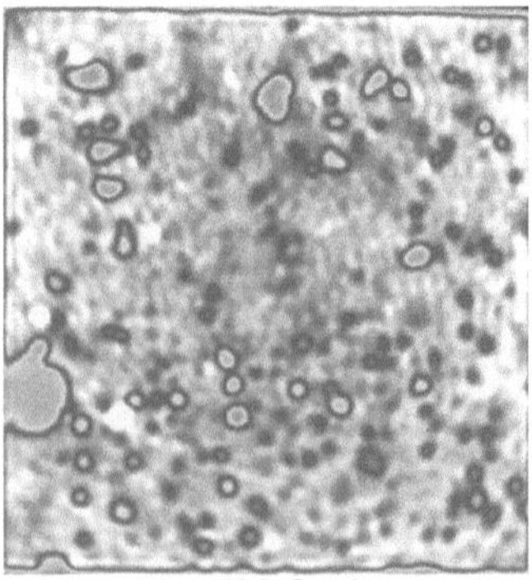

(28.Gün)

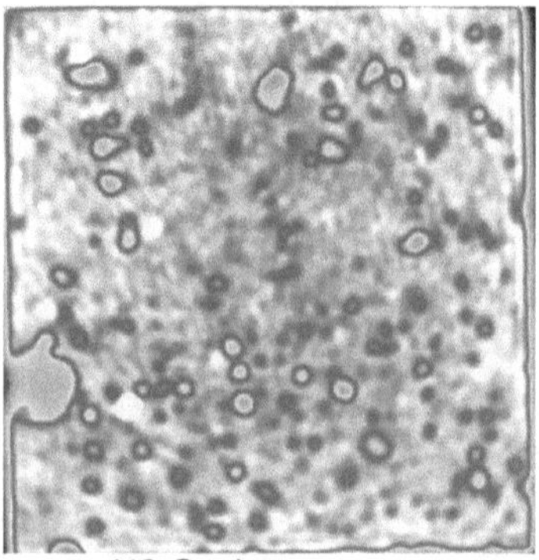

(42.Gün)

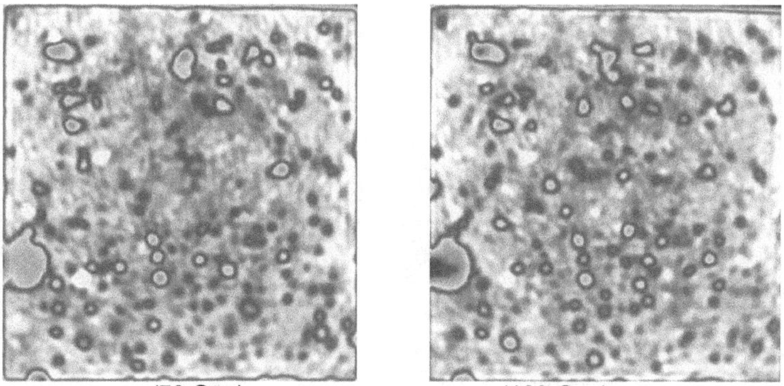

(70.Gün) (100.Gün)

Resim Ek-2.3. %10 VT İkameli Harcın Boşluk Yapısının Gelişimi

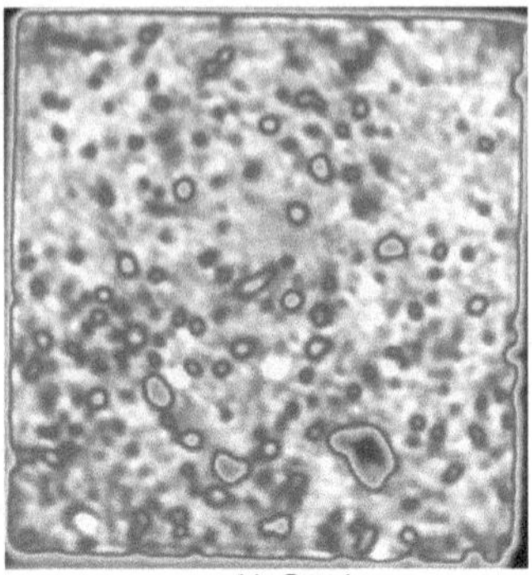
(1.Gün)

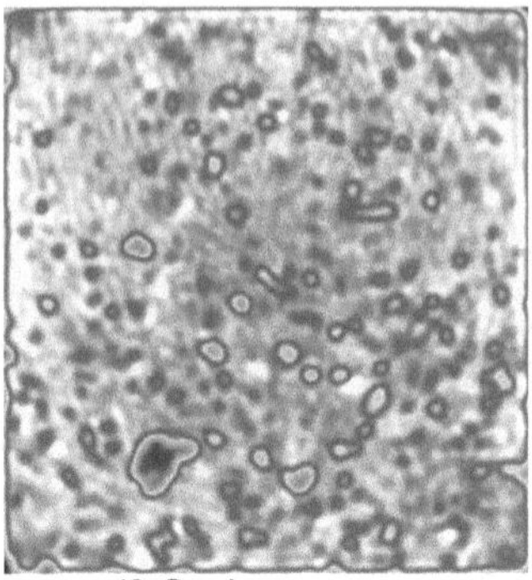
(3.Gün)

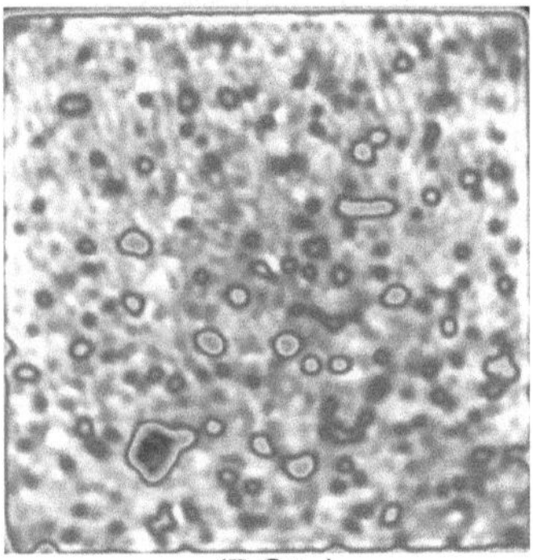
(7.Gün)

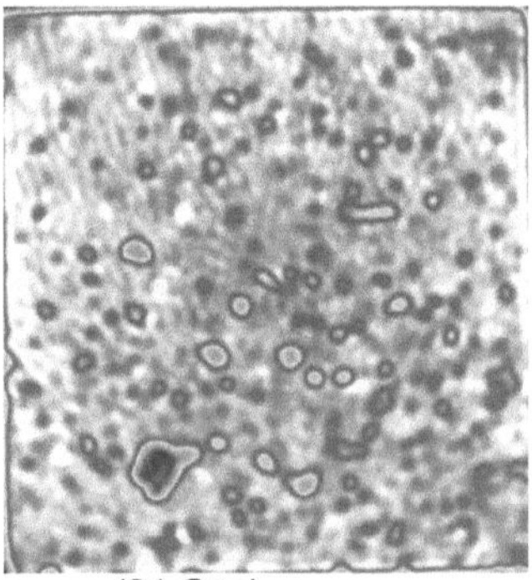
(21.Gün)

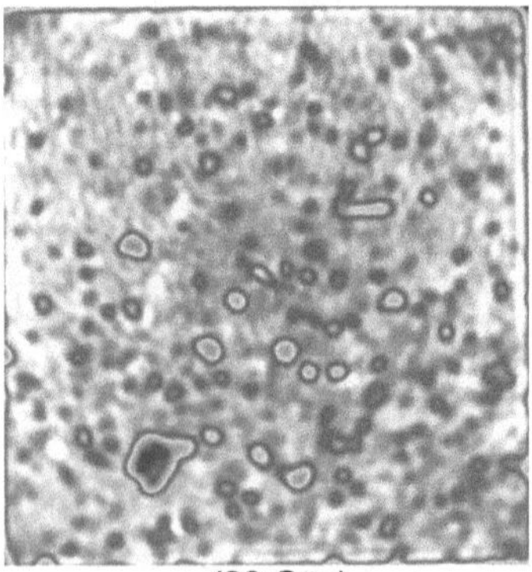
(28.Gün)

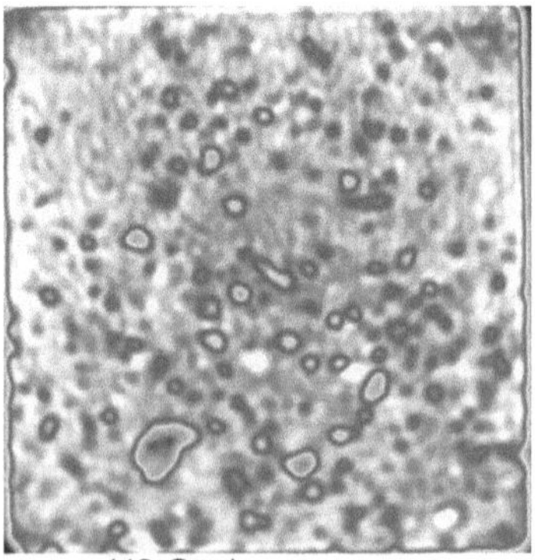
(42.Gün)

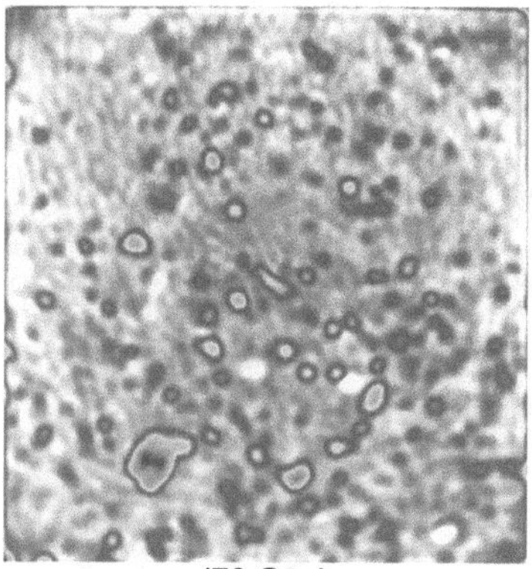

(70.Gün)

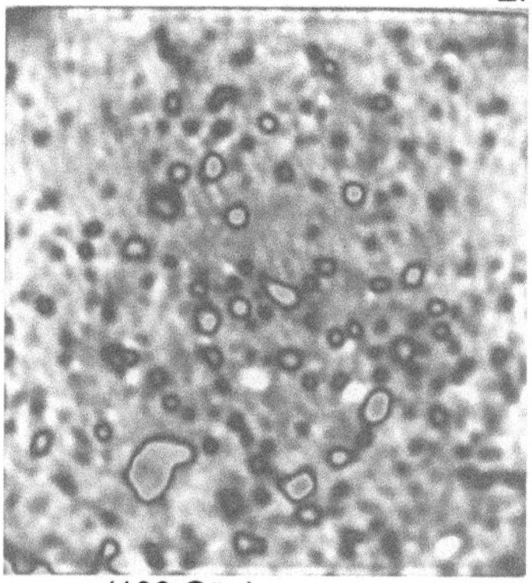

(100.Gün)

Resim Ek-2.4. %15 VT İkameli Harcın Boşluk Yapısının Gelişimi

EK-3

RADYASYONUN NUMUNE YÜZEYLERİNDE OLUŞTURDUĞU ETKİLER

Resim Ek-3.1. 100 Gün radyasyon etkisindeki kontrol numunesi ile 100 gün laboratuar kürü yapılmış numune arasındaki renk ve yüzey farklılıkları

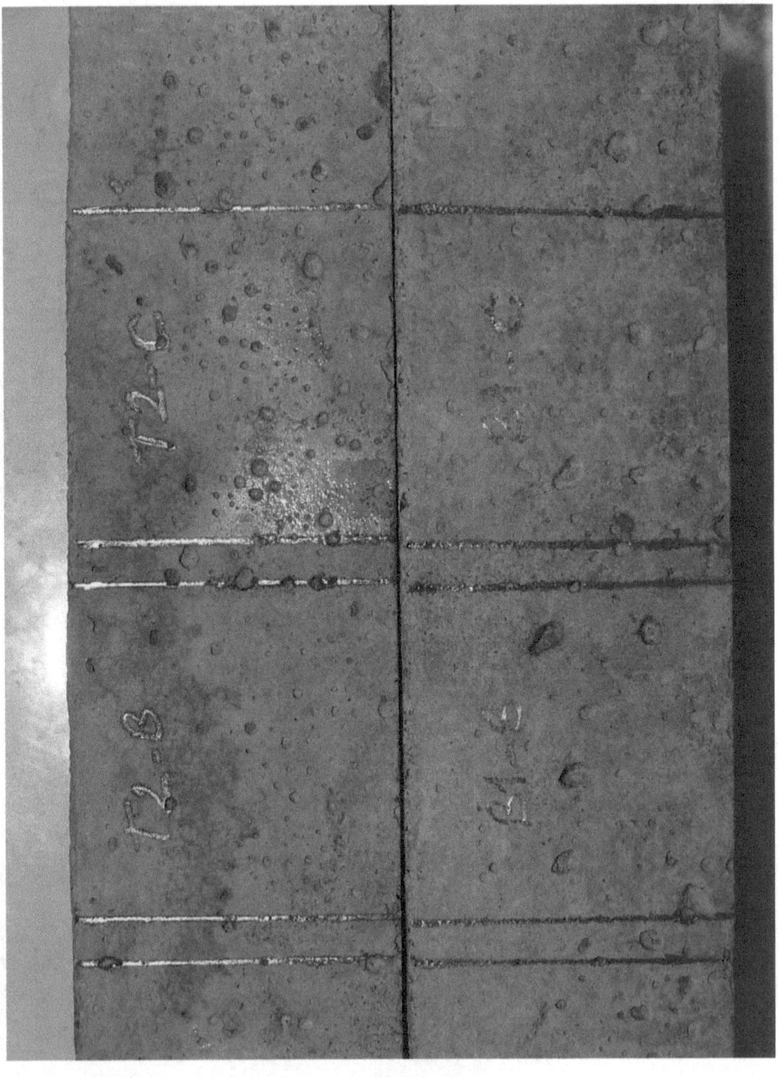

Resim Ek-3.2. 100 Gün radyasyon etkisindeki %5 VTİÇ ile 100 gün laboratuar kürü yapılmış %5 VTİÇ numune arasındaki renk ve yüzey farklılıkları

Resim Ek-3.3. 100 Gün radyasyon etkisindeki %10 VTİÇ ile
100 gün laboratuar kürü yapılmış %10 VTİÇ numune
arasındaki renk ve yüzey farklılıkları

Resim Ek-3.4.100 Gün radyasyon etkisindeki %15 VTİÇ ile 100 gün laboratuar kürü yapılmış %15 VTİÇ numune arasındaki renk ve yüzey farklılıkları

FSC
www.fsc.org
MIX
Papier | Fördert
gute Waldnutzung
FSC® C083411

Kolibri 360 GmbH
Ferdinand-Jühlke-Straße 7
99095 Erfurt, Deutschland
produktsicherheit@kolibri360.de

Druck:
CPI Druckdienstleistungen GmbH
im Auftrag der
Kolibri 360 GmbH
Ferdinand-Jühlke-Str. 7
99095 Erfurt